원큐패스는 수험생들이 한번에 합격하기를 응원합니다.

왁싱 실전 테크닉

이연정

강현경 김원화 최선화 임현주 김시은 김보령 김영선
황정옥 백윤정 최혜원 이채은 유재은 전현아 이다혜 **공저**

다락원

Intro 머리말

뷰티 산업은 헤어, 피부, 네일, 메이크업 미용을 시작으로 왁싱 전문숍, 속눈썹 전문숍, 바버숍 등 세분화, 다양화되어 가고 있습니다. 그중 미용 왁싱숍은 여성뿐만 아니라 스스로 외모를 가꾸는 남성들까지 남녀 모두에게 관심을 끌고 있습니다. 이에 다양한 형태의 왁싱숍이 생겨나고 있으며, 제모(왁싱) 서비스를 통해 부가적인 수입을 창출할 수 있는 미용 분야로 전망되고 있습니다.

1인숍, 숍인숍, 프렌차이즈숍, 협의체(협동조합 + 체인숍) 등의 다양한 형태로 생겨나고 있지만 왁싱 서비스 품질은 평준화되어 있지 않습니다. 그렇기 때문에 국가직무능력표준(NCS ; National Competency Standards)을 기반으로 창업을 꿈꾸는 예비 왁서부터 왁싱숍 현장 근무자까지 왁싱 고객 서비스의 평준화가 필요합니다.

NCS(국가직무능력표준)란 산업현장에서 직무를 수행하기 위해 요구되는 지식, 기술 소양 등의 내용을 국가가 산업부문별, 수준별로 체계화하여 산업현장의 직무를 성공적으로 수행하기 위해 필요한 능력(지식, 기술, 태도)을 국가적 차원에서 표준화한 것을 의미합니다.

왁싱은 불필요한 체모를 제거하는 과정에서 피부조직에 열린 상처 및 통증을 유발하는 예민한 관리로써 전문지식, 섬세한 관리, 실제 왁싱숍을 운영하는 현장의 노하우가 매우 중요합니다.

이 책의 특징은 다음과 같습니다	1. NCS 기반으로 한 왁서를 위한 제모(왁싱) 실전 테크닉 수록
	2. 일러스트를 수록하여 이해하기 쉽도록 구성
	3. 직접 제모(왁싱) 순서를 연습해 볼 수 있는 왁싱 실전 테크닉 연습 노트 수록
	4. 현직 왁싱숍 원장님들의 실전 테크닉 노하우 수록

이번에 출간하는 〈원큐패스 왁싱 실전 테크닉〉이 제모(왁싱)를 배우고자 하는 왁싱숍의 신입 왁서 및 기존 왁서들의 리마인드 교육 참고도서로 활용됨과 동시에 창업을 꿈꾸는 예비 왁서와 왁싱숍 현장에서 근무하시는 왁서분들에게 많은 도움이 되었으면 합니다.

Contents 목차

Contents 목차

PART 01

피부미용 위생 관리

✛ 피부미용 위생 관리 학습개요

학습목표	고객을 신체적·정신적으로 안정감을 주기 위하여 작업장을 위생적으로 제공하고 피부미용에 관련된 비품과 직원 위생을 철저하게 관리할 수 있다.
핵심용어	위생 법규, 작업장 위생, 비품 위생, 직원 위생, 소독, 위생 관리, 소독 방법

피부미용 왁싱숍 위생 관리

1 피부미용 왁싱숍의 위생 관리

왁싱숍의 비품과 직원 위생 관리 능력은 고객에게 신체적·정신적으로 안정감과 신뢰감을 제공한다. 고객의 피부를 만지거나 불필요한 체모를 제거하는 피부미용 왁싱(Waxing) 서비스는 위생 관리가 미흡해서 발생되는 피부트러블이 없도록 사용하는 도구와 기기, 소모품과 화장품 등의 철저한 위생 관리가 필요하다.

2 피부미용 왁싱숍 시설 및 작업장 환경의 위생 관리

① 상담실과 작업장은 구분되어 있어야 한다.
② 환기 시설 및 방음 시설이 잘 갖추어져야 한다.
③ 냉·난방 시설이 잘 갖추어져야 하고 냉·온수를 사용할 수 있어야 한다.
④ 고객이 심신의 안정을 취할 수 있도록 편안하고 안락한 분위기에 간접 조명(75룩스 이상)이 되어 있어야 한다.
⑤ 고객용 베드와 화장품 정리대는 청결하고 위생적으로 준비되어 있어야 한다.
⑥ 사용하는 기구와 비품은 자비 소독법, 자외선소독기, 고압멸균기 등으로 살균·소독한다.
⑦ 왁싱(Waxing) 도구 및 기구가 일회용이 아닌 경우, 왁스 잔여물을 깨끗하게 닦아내고 사용 전·후 철저하게 소독하거나 중성세제로 세척하여 자외선 소독기에 넣는다. 왁싱숍 내부의 모든 것이 청결하고 위생적으로 정리·정돈이 잘 되어 있어야 한다.

3 소독의 종류

① 소독의 정의

구분	내용
소독	사람에게 감염성이 있는 병원 미생물을 파괴 또는 감염 및 증식력을 없애는 약한 살균작용이다.
살균	모든 미생물을 물리적·화학적으로 급속히 죽이는 것이다. 멸균과는 달리 내열성 포자가 잔재한다.
멸균	비병원성, 병원성 미생물 및 아포까지 완전하게 사멸 또는 제거된 무균상태이다.

구분	내용
방부	미생물의 생식과 발육을 억제하여 음식물의 발효나 부패를 방지하는 방법으로 소독의 효과는 기대할 수 없다.
제부	화농성 상처에 소독약을 발라 사멸시키는 것을 말한다.
감염	병원체가 장기 내에 침입하여 증식하는 상태를 말한다.
오염	음식물에 병원체가 부착된 상태를 말한다.

❷ 왁싱숍에서 사용하는 소독의 종류 및 방법

(1) 실내 및 도구·기구 소독

「공중위생관리법」 제5조 및 「시행규칙」 별표 3을 근거하여 피부미용실에서는 피부미용 기구 및 도구의 종류·재질, 용도에 따른 구체적인 소독 기준 및 방법을 달리 적용해야 한다.

【 소독 방법의 종류 】

기능	소독명	소독방법	적용 기구
가열 소독법	건열 멸균법	섭씨 100℃ 이상의 건조한 열에 20분 이상 쐬어 준다.	도구, 기구 소독
습열 소독법	자비 소독법 (열탕 소독법)	섭씨 100℃ 이상의 물속에 10분 이상 끓여 준다.	식기류, 의료소독
	유통 증기 멸균법	섭씨 100℃ 이상의 습한 열에 20분 이상 쐬어 준다.	식기류, 도자기류
자연 소독법	자외선 멸균법	1cm^2 당 85μW 이상의 자외선을 20분 이상 쐬어 준다.	자외선 소독기 적용
화학적 소독법	석탄산수 소독	석탄산수(석탄산 3%, 물 97%의 수용액을 말함)에 10분 이상 담가 둔다.	도구, 기구 소독 실내 소독
	크레졸 소독	크레졸수(크레졸 3%, 물 97%의 수용액을 말함)에 10분 이상 담가 둔다.	
	에탄올 소독	에탄올 수용액(에탄올이 70%인 수용액을 말함)에 10분 이상 담가 두거나 에탄올 수용액을 머금은 면 또는 거즈로 기구의 표면을 닦아 준다.	

(2) 소독 시 고려 사항 및 주의 사항

1) 소독 시 고려 사항

① 살균이 쉽지 않은 포자가 있는 유기체 등을 파악하고 특성을 고려해야 한다.

② 유기체의 수가 많으면 파괴되는 시간이 길어진다는 점을 고려해야 한다.

③ 좁은 관이나 갈라진 기구 등을 파악해 섬세한 관리를 적용해야 한다.

④ 가급적 멸균된 기구를 사용해야 한다.

⑤ 사용 권장 시간을 준수해야 한다.

2) 소독 시 주의 사항

① 소독할 기구의 특성에 맞게 적절한 소독약이나 소독법을 실시한다.

② 병원 미생물의 종류, 멸균이나 살균 또는 소독의 목적과 방법, 시간 등을 파악한다.

③ 소독약은 필요한 양만큼 사용할 때마다 조금씩 새로 만들어서 사용한다.

④ 소독약품에 따라 밀폐해서 냉암소에 보관한다.

⑤ 라벨(Label)은 더러워지지 않도록 관리하여 구별한다.

3) 소독제의 구비 조건

① 소독제는 미량이라도 살균 효과(살균력)가 강해야 한다.

② 소독할 기구의 부식성 및 표백성이 없어야 한다.

③ 소독제의 용해성이 높고, 안정성이 있어야 한다.

④ 소독제의 침투력이 강해야 한다.

⑤ 소독제의 사용 방법이 간편해야 하고, 경제적이여야 한다.

⑥ 소독제의 독성이 약하여 인체에 무해해야 한다.

⑦ 식품에 사용이 가능하고 불쾌한 냄새가 없어야 한다.

4 수행 – 피부미용 왁싱숍 위생 관리하기

❶ 수행내용

(1) 재료 · 자료

①「공중위생관리법」 법규, 「산업안전보건법」 법규

② 위생용품, 소독용품

(2) 기기(장비 · 공구) : 자외선 살균기, 소독기, 소독약, 에탄올

(3) 안전 · 유의 사항

① 위생관리에 적합한 기준 치수를 준수하며 소독 시 과한 열은 삼간다.

② 고객의 배려를 위해 소독냄새를 최소화한다.

③ 조명의 밝기는 적절해야 한다.

❷ 수행순서 : 피부미용 왁싱숍의 위생을 관리한다.

(1) 왁싱숍 위생 관리 업무를 책임자와 준비한다.

① 왁싱숍을 환기하기 위해 창문을 열고 통풍을 한다.

② 왁싱숍 바닥을 깨끗하고 위생적으로 닦는다.

③ 왁싱숍의 조명도를 적절하게 맞추어 놓는다.

④ 웨건은 위생적으로 정리 · 정돈한다(제품 세팅, 흰 타월을 깔아놓음).

⑤ 베드를 위생적으로 준비하여 놓는다.

⑥ 관리 시 필요한 모든 기기나 기구를 소독한다.

⑦ 왁싱숍 점검표를 작성한다.

(2) 쾌적한 왁싱숍이 되도록 체크리스트에 따라 위생을 점검한다.

　① 환풍이 잘 되는지를 확인한다.

　② 조명은 적정한 밝기인지 확인한다.

　③ 냉·난방 시설을 확인한다.

(3) 위생 관리 지침에 따라 청소 및 소독 매뉴얼을 작성하고 지침서에 맞게 체크한다.

(4) 왁싱숍 소독 계획에 따라 소독 방법을 선택하고 위생 상태를 관리한다.

【 피부미용업 작업장 점검표 】

점검 분야	점검 사항	점검 결과
시설 및 설비 기준	소독한 미용기구와 소독하지 않은 미용기구를 구분하여 보관할 수 있는 용기를 비치하고 있다.	☐예 ☐아니요
	소독기·자외선 살균기 등 미용기구를 소독하는 장비를 갖추고 있다.	☐예 ☐아니요
위생 관리 기준	점 빼기·귓불 뚫기·쌍꺼풀 수술·문신·박피술 그 밖에 이와 유사한 의료 행위를 하지 않는다.	☐예 ☐아니요
	피부미용을 위하여 「약사법」 규정에 의한 의약품 또는 「의료기기법」에 따른 의료 기기를 사용하지 않는다.	☐예 ☐아니요
	일회용 면도날은 손님 1인에 한하여 사용하고 있다.	☐예 ☐아니요
	미용기구 중 소독을 한 기구와 소독을 하지 아니한 기구는 각각 다른 용기에 넣어 보관하고 있다.	☐예 ☐아니요
	천정·벽바닥·세면기·환기시설·거울 등의 청소 상태는 항상 깨끗하게 유지하고 있다.	☐예 ☐아니요
	영업장 안의 조명도를 75룩스 이상 적정하게 유지하고 있다.	☐예 ☐아니요
	영업소 내부에 미용업 신고증, 개설자의 면허증 원본을 게시하고 있다.	☐예 ☐아니요
	영업소 내부에 부가 가치세, 재료비, 봉사료 등이 포함된 최종 지급 요금 표를 게시·부착하고 있다.	☐예 ☐아니요
	영업장 면적 66m² 이상인 영업소의 경우 영업소 외부에 최종 지급 요금 표를 게시·부착하고 있다.	☐예 ☐아니요
	3가지 이상의 피부미용 서비스를 제공하는 경우 개별 피부미용 서비스의 최종 지급 가격 및 전체 피부미용 서비스의 총액에 관한 내역서를 미리 제공하고 있다.	☐예 ☐아니요
	미용사 면허를 가진 미용사가 미용 업무를 하고 있다. (무자격자는 미용사의 감독을 받아 미용 업무 보조만을 하고 있음)	☐예 ☐아니요
	위생 교육은 매년 수료하고 있다.(미수료 시 과태료 있음)	☐예 ☐아니요

출처 : 강남구청(2022)「2022 미용업 영업주 자율점검표」, 강남구청

❸ 수행 TIP

미용기구 중 소독을 한 기구와 소독을 하지 않은 기구를 구분하여 보관할 수 있는 용기의 비치 여부를 확인한다.

① 소독기·자외선 살균기 등 미용기구 소독 장비의 비치 여부 확인

② 점 빼기·귓볼 뚫기·쌍꺼풀 수술·문신·박피술 등 기타 유사 의료 행위 점검

③ 업소 내 미용업 신고증, 개설자의 면허증 원본, 미용 최종 지급 요금표 게시 여부 점검

④ 영업장 면적 66m² 이상 영업소 외부 : 「옥외 광고물 등 관리법」에 적합하게 최종 지급 요금표 (5개 항목) 게시 여부 점검

⑤ 소독을 한 기구와 소독을 아니한 기구를 다른 용기에 넣어 보관하지 아니한 경우(「공중위생관리법」 제4조 제4항 규정의 행정처분)

구분	내용	구분	내용
1차 위반 시	경고	3차 위반 시	영업 정지 10일
2차 위반 시	영업 정지 5일	4차 위반 시	영업장 폐쇄 명령

⑥ 작업장의 조명도를 준수하지 아니한 경우(「공중위생관리법」 제4조 제4항 및 제7항 규정의 행정처분)

구분	내용	구분	내용
1차 위반 시	경고 또는 개선 명령	3차 위반 시	영업 정지 10일
2차 위반 시	영업 정리 5일	4차 위반 시	영업장 폐쇄 명령

【 청소 및 소독 점검표 】

점검 사항	점검 일시 : 22.1.1 점검자 : 김○○	점검일시 : 22.2.1 점검자 : 정○○	점검일시 : 22.3.1 점검자 : 강○○	점검일시 : 22.4.1 점검자 : 김○○
내부 청결도	양호	보통	양호	양호
조명도	양호	양호	보통	양호
환기 설비의 가동 여부	양호	양호	양호	양호
피부미용기구의 소독 여부	양호	양호	양호	양호
소독기, 자외선 살균기 가동 여부	보통	양호	양호	양호

피부미용 비품 위생 관리

- 위생 관리 지침에 따라 피부미용 왁싱숍의 비품 위생 관리 업무를 책임자와 협의하여 준비·수행할 수 있다.
- 적절한 소독 방법으로 피부미용 왁싱숍 내부의 비품을 소독·보관할 수 있으며 소독제의 유효기간을 점검하고 관리할 수 있다.
- 사용 종류에 알맞은 피부미용 왁싱숍 비품의 정리 정돈을 수행할 수 있다.

① 피부미용 비품 위생 관리

피부미용 왁싱숍에서 소홀이 지나칠 수 있는 비품 위생 관리로 작업장 환경까지 세균이 번식할 수 있기 때문에 사용하는 모든 비품의 위생 관리는 철저하게 신경써야 할 직무능력이다.

① 피부미용 왁싱숍 내부 비품은 소독하여 보관한다.

② 소독제의 유효기간을 반드시 점검한다.

③ 사용되는 용도에 맞게 비품을 정리·정돈한다.

④ 사용하지 않는 도구와 사용한 도구는 구분하여 보관한다.

⑤ 트위져(족집게), 가위, 핀셋, 스파츌라 등 사용용품들은 살균 소독기에 보관한다.

② 비품 소독 분류 방법

① 타월 및 터번 등은 끓는 물에 삶아야 한다.

② 도구와 용기는 살균 소독기 또는 소독제로 깨끗이 닦아야 한다.

③ 기기 및 기구는 유효기간이 지나지 않은 소독제를 이용하여 퍼프에 적셔 충분히 닦아준다.

③ 왁싱 도구 및 기구의 준비

왁싱(Waxing) 도구 및 기구는 일회용을 고객 1인에 한하여 사용하거나 일회용이 아닌 경우 매번 사용 시마다 적절한 소독을 하여야 한다.

❶ 왁싱 도구 및 소모품

(1) 일회용 장갑

라텍스 재질의 장갑으로 사이즈가 크면 벗겨지고, 작으면 작업하기 불편하거나 찢어지기 때문에 적절한 사이즈를 선택하여 작업에 불편함이 없도록 사용한다.

(2) 스파츌라

① 우드 스파츌라 : 관리 부위별의 적용 면적을 고려하여 사이즈를 대·중·소로 구분하여 적합한 사이즈를 선택하며 일회용으로 사용한다.

② 스테인리스 스파츌라 : 열전도율이 빠르고 높은 소재의 특징으로 인해 왁스를 얇고 균일하게 도포할 때 사용하며 1인 고객 전용 왁스를 적용할 때 더블 디핑으로 사용하기에 적합하다.

③ 고무 스파츌라 : 물로 씻어낼 수 있는 슈가 왁스를 적용할 때 사용하거나 왁스 적용 후 진정 마스크 등을 적용할 때 사용한다.

(3) 트위져(족집게)

왁싱(Waxing) 후 남은 체모를 제거하거나 정교한 디자인 왁싱(Waxing)을 적용하여 체모를 제거할 때 사용한다.

(4) 가위

① 커트가위 : 체모의 길이가 길어서 정확한 왁스 적용이 불편하지 않도록 커팅할 때 사용한다.

② 티닝가위 : 디자인 왁싱(Waxing) 후 남겨지는 체모의 양을 줄이거나 자연스럽게 잡아줄 때 사용한다.

(5) 미용솜

소독이 필요할 때 알코올 솜으로 만들거나 또는 왁싱(Waxing) 전·후 관리 부위에 제품을 도포할 때 사용한다.

(6) 스테인리스 바트

① 원형 바트 : 미용솜이나 알콜솜을 보관하는 용도로 사용한다.

② 사각 바트 : 부직포, 스파츌라, 트위져(족집게), 가위 등을 보관하는 용도로 사용한다.

(7) 디자인 펜슬

디자인이 필요한 왁싱(Waxing) 관리 시 화이트 펜슬이나 브로우 펜슬을 이용하여 가이드라인을 적용한다.

(8) 고객용 거울

고객이 왁싱(Waxing) 관리 전·후의 체모 형태를 확인하고 디자인 가이드라인을 점검할 때 사용한다.

(9) 고객 가운

구분	내용
속 가운	• 탑 원피스 형태의 가운으로 고객의 의류에 왁스가 묻지 않도록 착용한다. 바디 또는 브라질리언 왁싱(Waxing) 관리 시 노출을 최소화하기 위해 착용한다. • 일회용 가운의 경우는 브라질리언 왁싱(Waxing) 시 베드 페이퍼 겸용으로 사용되기도 한다.
겉 가운	• 속가운을 착용하고 관리를 위한 이동이 필요할 때 속가운 위로 착용하거나 페이스 왁싱(Waxing) 관리 시 고객의 의류에 왁스가 묻지 않도록 착용한다.
일회용 팬티	• 비키니 왁싱(Waxing)이나 브라질리언 왁싱(Waxing) 시 노출을 최소화하기 위해 착용한다.

(10) 페이퍼 시트

왁스 적용 시 전·후 처리제 등이 베드에 묻지 않도록 일회용으로 사용한다.

(11) 휴지통 및 위생팩

왁싱 후의 왁스 및 우드 스파츌라, 스트립 천 등을 버릴 때 사용한다.

❷ 왁싱 기구

(1) 베드

왁서의 작업형태에 따라서 높낮이 조절이 가능한 베드 또는 서서 작업하는 높이가 높은 베드와 앉아서 작업하는 높이가 낮은 베드를 준비하여 사용한다.

(2) 웨건 정리대

왁서가 관리 시 사용하기 편리한 순서대로 왁스 워머기, 화장품 등을 정리하여 사용한다.

(3) 자외선 소독기

트위져(족집게), 가위, 브로우 브러쉬 등 왁싱(Waxing)에 필요한 도구를 소독하고 보관하기 위해 필요하다. 자외선 소독기는 작업대와 동선이 가까운 위치에 두고 수시로 위생 관리를 한다. 고객이 왁싱숍에 들어왔을 때 자외선 소독기가 눈에 띄면 위생에 대한 신뢰감을 형성하는 데 도움이 될 수 있다.

(4) 왁스 워머기 : 왁스를 가열하는 기기로 온도설정이 가능하다.

(5) 온장고

클렌징을 하거나 왁싱(Waxing) 관리 전에 모공을 유연하게 열어줄 때 사용할 수 있는 온습포를 보관한다. 고객이 직접 세면대에서 세안을 하거나 스티머를 사용할 수 있다.

(6) 냉장고

왁싱(Waxing) 관리 후 관리 부위를 차갑게 진정시킬 수 있는 진정 젤이나 마스크 또는 쿨러 등을 보관할 수 있다.

(7) 확대경 및 보조조명

피부 상태를 측정하거나 세심한 체모 제거 작업을 할 때 사용한다. 전원을 관리 베드 밖에서 켠 후 고객 피부에 적용한다.

❸ **도구의 보관** : 소독한 도구와 소독을 하지 아니한 도구를 분리하여 보관한다.

❹ **왁스 도포 시** : 왁스 도포 시 사용하는 스파츌라를 재사용하여 왁스 안에 이물질이 들어가 왁스를 오염시키지 않도록 스파츌라를 더블디핑하지 않는다.

> ✏️ **세부 설명**
> - 더블디핑이란 왁스를 도포한 스파츌라를 다시 왁스통에 담그는 것을 의미한다.
> - 스파츌라를 일회용으로 사용하거나 왁스 사용을 1인 고객 전용으로 관리 프로그램이 분리되어야 한다.

❺ **일회용 사용** : 고객 가운 및 타올, 베드 커버는 충분한 세탁이나 자비 소독법으로 소독하고 고객용 페이퍼 시트는 반드시 일회용으로 사용해야 한다.

❻ **소독**

① 베드, 웨건 정리대, 왁스 워머기, 보조조명 등의 왁싱(Waxing) 기구에 먼지 또는 체모, 왁스 잔여물 등의 이물질이 쌓이지 않도록 제거하고 적절한 소독을 하여 사용한다.

② 고객 대기실, 상담실, 탈의실, 샤워실, 관리실, 화장실 등을 비롯한 고객의 접점과 탕비실, 휴게실 등 직원 동선의 바닥과 벽을 청결하고 위생적으로 유지하며 적절한 소독을 한다.

4 수행 – 피부미용 비품 위생 관리하기

❶ 수행내용

(1) 재료 · 자료

① 「공중위생관리법」 법규, 「소독법」 법규
② 소독제

(2) 기기(장비 · 공구) : 살균기, 적외선, 면봉, 솜

(3) 안전 · 유의 사항

① 소독제 유효 기간을 확인한다.
② 손에 직접 닿지 않도록 위생 장갑을 낀다.

②수행순서 : 피부미용 왁싱숍의 비품 위생 관리를 실시한다.

(1) 위생 관리 지침에 따라 관리자와 협의하여 사용하지 않은 비품과 사용한 비품을 구분하며 준비·수행한다.

(2) 적절한 소독 방법으로 피부미용 왁싱숍 내부의 비품을 소독하여 보관한다.

　① 소독 물품을 목적에 따라 분류한다.

　② 타올이나 터번 등 끓는 물에 삶을 수 있는 비품을 소독한다.

　③ 면봉이나 솜을 자외선 소독기 등을 이용하여 소독하여 준비한다.

　④ 화장품 용기 및 웨건 등을 소독제로 닦아 준비한다.

　⑤ 사용한 기기나 기구를 소독제로 닦아 준비한다.

　⑥ 손 소독제를 준비한다.

(3) 모든 소독제에 대한 유효기간을 점검하고 관리한다.

(4) 피부미용 왁싱숍에서 사용하는 비품을 사용 종류에 따라 정리정돈한다.

　① 고객가운, 관리사의 가운을 세탁하여 준비한다.

　② 거즈 및 화장솜을 물 또는 화장품에 적셔 사용하기 좋게 정리한다.

　③ 면봉은 필요량만 꺼내서 준비한다.

　④ 붓이나 스파츌라는 깨끗이 빨거나 소독한 후 정리한다.

　⑤ 해면볼, 고무볼, 유리볼 등은 물로 깨끗이 씻어서 소독한 후 정리한다.

　⑥ 다회용 해면은 빨아서 건조 후 정리하고 일회용 해면은 사용 시에 꺼내서 준비한다.

　⑦ 알코올은 사용할 용기에 담아 보관한다.

　⑧ 슬리퍼를 소독하여 정리한다.

　⑨ 마스크는 수시로 갈아서 착용한다.

(5) 왁싱 전용 화장품, 왁스 및 관리 도구, 휴지, 쓰레기통 등을 준비한다.

③수행 TIP

　① 피부미용 왁싱숍 내에서 공용으로 사용되는 타월 등과 같은 많은 비품이 있다. 청결한 위생 관리는 고객의 불안 심리를 없애고 왁싱숍의 신뢰도를 상승시킬 수 있다.

　② 청결한 위생 관리는 작업장 내에서 가장 먼저 학습되어야 한다.

　　•소독제에 대한 유효기간을 점검하고 관리한다.

　　•위생 관리 지침에 따라 적절한 소독 방법을 선택하고 사용하지 않은 비품과 사용한 비품을 분리하여 보관한다.

직원 위생 관리

- 위생 관리 지침에 따라 피부미용 왁싱숍 관리 왁서로서 청결한 위생복, 마스크, 실내화를 준비하여 착용할 수 있다.
- 가벼운 화장을 유지하고 예의 있는 언행으로 피부미용 왁싱숍 근무 수칙을 준수할 수 있다.
- 위생 관리 지침에 따라 두발, 손톱 등 단정한 용모와 신체를 유지하며 장신구는 피한다.

① 직원 위생 관리하기

피부미용 왁싱숍 고객 접객 및 관리 시 개인 위생과 복장의 청결은 기본적 의무로 단정한 외모뿐만 아니라 마음까지도 예의를 갖추며 위생 관리하여 고객에게 깨끗한 이미지를 심어 주어야 하는 직무 능력이다.

① 왁싱(Waxing) 관리 시 구취 및 체취가 나지 않도록 위생관리를 해야 한다.

② 왁싱(Waxing) 관리 전·후로 손을 씻거나 알코올 스프레이 또는 알코올 솜으로 손을 소독한다.

③ 왁싱(Waxing) 관리 중 다른 물건을 만지거나 전화를 받는 경우 반드시 소독을 한다.

④ 왁서의 손톱은 짧고 매끄럽게 정리되어야 하고 진한색의 네일 에나멜을 바르지 않는다.

⑤ 왁서의 복장과 언어 및 표정 등이 단정한 이미지를 유지하도록 한다.

⑥ 왁서는 자연스러운 화장과 편안한 신발 착용을 하며 이동 시 신발 소리가 나지 않도록 유의해야 한다.

⑦ 왁서의 긴 머리는 단정하게 묶고 관리 중 목걸이, 반지, 팔찌 등의 장신구는 착용하지 않는다.

② 왁싱 전·후 준비와 자세

① 관리 전 자세

① 고객의 긴장이 이완되도록 차분한 음악과 신경안정에 도움이 될 수 있는 아로마 오일을 발향할 수 있다.

② 피부미용 왁싱숍을 처음 방문하는 고객은 왁싱(Waxing) 관리 과정과 관리 후에 나타날 수 있는 피부 반응에 대해 미리 설명하고 왁싱(Waxing) 관리차트 및 고객 동의서를 작성한다.

③ 고객 가운 또는 일회용 팬티를 제공하고 샤워시설 사용안내 및 위생 물티슈를 제공한다.

④ 왁싱(Waxing) 베드의 높이는 왁서의 키에 편안하도록 맞추며 불가피할 경우 왁서는 어깨와 허리가 구부러지지 않도록 바른 자세를 유지한다.

⑤ 왁서의 편안한 작업 자세를 위해 베드는 어느 위치에서나 작업이 수월하도록 베드의 위, 아래, 양옆 등 작업대의 공간을 충분히 확보한다.

⑥ 고객에게 왁스를 도포하기 전에 적외선 온도계를 이용하거나 온도를 체크하고 왁서의 안쪽 팔에 온도 테스트를 실시한 후 왁스를 적용한다.

② 관리 중 자세

① 긴장한 고객이 통증에 집중하지 않도록 가벼운 대화 또는 관리과정에 대한 안내를 제공한다.

② 왁스를 도포 후 제거 할 때 '제거합니다' 또는 '따끔합니다' 등의 내용을 안내하고 제거 후에는 진정동작으로 통증에 대한 긴장감을 완화시킬 수 있도록 노력한다.

③ 부득이 하게 자리 이동이 필요한 경우(노출이 발생되는 관리)에는 노출 부위를 소독된 타월이나 천을 이용하여 노출을 최소화한다.

④ 왁싱(Waxing) 베드에서 페이스 관리 시 터번이나 헤어밴드를 이용하여 귀와 헤어를 감싸 보호하고 눈 주위에 왁스가 떨어지지 않도록 아이패드를 적용한다.

⑤ 브라질리언 관리 시에는 다리를 편안하게 받힐 수 있는 쿠션 등을 제공한다.

③ 관리 후 자세

① 왁싱(Waxing) 후 고객에게 주의 사항에 대해서 반드시 설명한다.

② 왁싱(Waxing) 후 고객의 사후 관리 및 홈케어 제품과 사용 방법에 대해서 안내한다.

③ 다음 관리 주기 및 고객의 추후 예약 일정을 안내하고 확인한다.

④ 고객이 왁싱숍을 떠난 뒤 왁싱(Waxing) 작업장에 다음 고객을 맞이할 수 있도록 부족한 제품을 보충하거나 정리 정돈 및 소독을 한다.

③ 수행 - 직원 위생 관리하기

① 수행 내용

(1) 재료 · 자료

① 직원 신상 카드(▶ 개인별 인사 기록 카드 '활용 서식' 1, 근로자 명부 '활용 서식' 2 참조)

② 직원 근무 일지(▶ 직원 근무 일지 '활용 서식' 3 참조)

▶ 활용 서식 1 개인별 인사 기록 카드

<table>
<tr><td colspan="10" align="center">개인별 인사 기록 카드

NO.</td></tr>
<tr>
<td rowspan="6">사진</td>
<td>성 명</td><td>한글</td><td></td><td>한자</td><td></td><td>영문</td><td></td><td colspan="2">남 · 여</td>
</tr>
<tr>
<td>주민등록번호</td><td></td><td>생년월일</td><td></td><td colspan="5">년 월 일(음 · 양), 만 세</td>
</tr>
<tr>
<td>본 적</td><td colspan="8"></td>
</tr>
<tr>
<td rowspan="3">주 소</td><td colspan="8">1.</td>
</tr>
<tr>
<td colspan="8">2.</td>
</tr>
<tr>
<td colspan="8">3.</td>
</tr>
</table>

<table>
<tr><td>E-mail</td><td></td><td>휴대전화</td><td colspan="2">( ) –</td></tr>
<tr><td>입 사 일 자</td><td>년 월 일(기혼 · 미혼)</td><td>전 화</td><td colspan="2">( ) –</td></tr>
</table>

<table>
<tr>
<td rowspan="7">가
족
사
항</td>
<td>성명</td><td>관계</td><td>생년월일</td><td>직업</td><td>동거여부</td>
<td rowspan="2">국민
연금</td>
<td colspan="3">기호번호 :</td>
</tr>
<tr>
<td></td><td></td><td></td><td></td><td></td>
<td colspan="2">취 득 일 :</td><td>상실일 :</td>
</tr>
<tr>
<td></td><td></td><td></td><td></td><td></td>
<td rowspan="2">건강
보험</td>
<td colspan="3">기호번호 :</td>
</tr>
<tr>
<td></td><td></td><td></td><td></td><td></td>
<td colspan="2">취 득 일 :</td><td>상실일 :</td>
</tr>
<tr>
<td></td><td></td><td></td><td></td><td></td>
<td rowspan="2">고용
보험</td>
<td colspan="3">기호번호 :</td>
</tr>
<tr>
<td></td><td></td><td></td><td></td><td></td>
<td colspan="2">취 득 일 :</td><td>상실일 :</td>
</tr>
<tr>
<td></td><td></td><td></td><td></td><td></td>
<td rowspan="2">산재
보험</td>
<td colspan="3">기호번호 :</td>
</tr>
<tr>
<td colspan="6"></td>
<td colspan="2">취 득 일 :</td><td>상실일 :</td>
</tr>
</table>

<table>
<tr>
<td rowspan="2">병
역</td>
<td>(필 · 미필) 군필</td><td colspan="3"></td><td>병과</td><td></td><td>계 급</td><td></td>
</tr>
<tr>
<td>면 제 사 유</td><td colspan="5"></td><td>군 번</td><td></td>
</tr>
<tr>
<td rowspan="2">기
타</td>
<td>취 미</td><td colspan="2"></td><td>특기</td><td colspan="2"></td><td>종 교</td><td></td>
</tr>
<tr>
<td>신 장</td><td colspan="2"></td><td>체중</td><td colspan="2"></td><td>혈액형</td><td></td>
</tr>
</table>

학력	기 간		학 교	전 공	비 고

경력	기 간		직장명	최종직위	담당업무

자격	종 별	취 득 일 자	외국어	독해력	작문	회화
				상 중 하	상 중 하	상 중 하
				상 중 하	상 중 하	상 중 하
			주거	월세/전세/자가	APT/단독/연립/다가구	

고용	입사일	년 월 일
	근로계약 갱신일	1차 : 년 월 일 2차 : 년 월 일
	퇴 사 일	년 월 일
	퇴 사 사 유	년 월 일
	금 품 정 산	년 월 일

근로계약조건	일 반 사 항	근로계약서, 연봉계약서, 취업규칙에 의함

특기사항	

▶ 활용 서식 2 근로자 명부

<table>
<tr><td colspan="6" align="center">근 로 자 명 부</td></tr>
<tr><td>성 명</td><td></td><td>주민등록번호</td><td colspan="3"></td></tr>
<tr><td>주 소</td><td colspan="2"></td><td>부양가족수</td><td colspan="2"></td></tr>
<tr><td>본 적</td><td colspan="2"></td><td>종 사 업 무</td><td colspan="2"></td></tr>
<tr><td rowspan="4">이 력</td><td>기능 및 자격</td><td></td><td rowspan="2">퇴 직</td><td>퇴 직 일</td><td></td></tr>
<tr><td>학 력</td><td></td><td>사 유</td><td></td></tr>
<tr><td>경 력</td><td></td><td rowspan="2">금품정산</td><td rowspan="2"></td></tr>
<tr><td>병 역</td><td></td></tr>
<tr><td colspan="2">고용일(계약기간)</td><td></td><td colspan="2">고용갱신일자</td><td></td></tr>
<tr><td>고용 계약 조건</td><td colspan="5"></td></tr>
<tr><td colspan="6">특기사항(교육, 건강, 휴직 등)</td></tr>
<tr><td colspan="6" height="200"></td></tr>
</table>

▶ 활용 서식 3 직원 근무 일지

(   )월 근무일지

성명	직책	1	2	3	4	5	6	7	8	9	10	11	12	13	14	15		근무일수	급여	담당자 확인
	연락처	16	17	18	19	20	21	22	23	24	25	26	27	28	29	30	31			

(2) 기기(장비·공구) : 컴퓨터

(3) 안전·유의 사항

① 고객을 배려하여 위생 관리를 청결하게 한다.

② 대화를 지나치게 하지 않도록 주의한다.

② 수행 순서

(1) 위생 관리 지침에 따라 피부미용 왁싱숍 관리사로서 청결한 위생복, 마스크, 실내화를 준비하여 착용한다.

① 청결하고 깨끗한 위생복을 준비하여 착용한다.

② 비말감염 등으로부터 안전하도록 마스크를 착용한다.

③ 청결한 실내화를 준비하여 착용한다.

(2) 가벼운 화장과 예의 있는 언행으로 피부미용 왁싱숍 근무 수칙을 준수한다.

(3) 위생 관리 지침에 따른 두발, 손톱은 단정한 용모와 신체를 유지하며 장신구는 피한다.

③ 수행 TIP

① 청결한 위생복, 마스크, 실내화를 착용해야 한다.

② 가벼운 화장과 예의 있는 언행으로 작업장 근무 수칙을 준수한다.

③ 장신구는 피하고 두발, 손톱 등 단정한 용모를 유지한다.

> **직원 위생 예의 수칙 Point!**
> • 위생복은 청결하고 구김이 없어야 하고 머리카락은 흐트러짐이 없어야 한다.
> • 고객과의 대화는 부드러운 용어를 사용한다.
> • 지나친 향의 향수를 뿌리거나 왁싱숍 내에서 껌을 씹지 않는다.

PART 02

제모 관리
(왁싱숍 실전 테크닉)

✛ 제모관리 학습개요

학습목표	• 고객 관리 부위의 체모길이를 조절하고 유·수분 제거 후에 적절한 전처리제를 도포할 수 있다. • 왁스 온도를 체크한 후 적절한 방향으로 왁스를 도포 할 수 있다. • 왁스 제거 시 피부에 텐션을 주어 신속하게 제거하고 진정동작을 할 수 있다. • 관리 부위에 잔여왁스를 닦아내고 진정제품으로 마무리할 수 있다.
핵심용어	• 모발의 성장주기, 왁스 도포 방법, 왁스 제거 방법, 진정 제품, 스트립 왁스, 하드 왁스, 슈가 왁스

Chapter 01 기초 제모 테크닉

학습목표

- 고객의 관리 부위에 적합한 관리 권장 왁스의 제형을 선택하고 준비할 수 있다.
- 관리 부위에 맞게 고객을 준비하고 체모의 성장 방향을 확인하여 왁스를 적용하고 제거할 수 있다.
- 왁싱 전용 진정 제품과 보습 제품을 도포하고 왁싱 후 주의 사항과 사후 관리를 안내할 수 있다.

1 모발의 성장주기

❶ 성장기(Anagen)

모발의 성장이 활발하게 이루어지는 시기로 약 3~6년이며 전체 모발의 약 80~90%가 이 시기에 해당하고, 한 달에 약 1~1.5cm가 자란다. 모유두의 활동이 왕성해서 세포 분열과 신장을 거쳐 모발이 길어지는 단계이다.

❷ 퇴행기(Catagen)

모발의 성장이 멈추거나 대사 과정이 느려지는 시기이며, 약 3~4주로 전체 모발의 1%가 해당된다. 모유두의 혈관공급이 차단되고 퇴행기가 시작되면 모유두와 모구부가 분리되고 모낭이 위축되며 모근이 위쪽으로 밀려 올라가게 된다.

❸ 휴지기(Telogen)

모발이 휴식에 돌입하는 단계로 약 3~5개월, 전체 모발의 약 10%에 해당된다. 모낭과 모유두가 완전히 분리되고 모낭은 더욱 위축되어 모근이 더 위쪽으로 올라가 모발이 빠진다.

❹ 발생기(Return to anagen)

휴지기 단계의 모유두가 다시 성장기(Anagen)로 돌아가 새로운 모발의 성장주기를 시작한다. 일부 모발은 휴식하는 상태가 유지되고, 또 다른 일부 모발은 신생 모발의 발생으로 모구부의 결합과 세포 분열이 활발해진다. 새로 발생된 모발은 성장하게 되고 휴지기에 남아 있던 모발은 빠지게 되는 시기이다.

2 왁싱으로 인한 피부 트러블 및 피부 트러블 개선

❶ 왁싱으로 인한 피부 트러블

왁싱(Waxing)은 불필요한 체모를 효과적으로 제거하는 방법 중 하나이지만, 일부 사람들은 왁싱(Waxing) 후에 피부 트러블을 경험할 수 있다. 이러한 현상은 개인에 따라 다를 수 있으며, 피부 타입, 관리 방법, 사용된 제품 등이 영향을 미칠 수 있다. 그러므로 왁싱(Waxing) 전에 피부를 충분히 살펴보고, 피부 상태 및 민감도를 고려하여 관리한 후 적절한 사후관리를 통해 피부트러블을 최소화할 수 있다.

(1) 통증 및 불편함

왁싱(Waxing)은 피부조직 안의 모근을 제거하는 과정이기 때문에 통증이나 불편함을 동반할 수 있다. 특히, 민감한 부위는 통증이나 불편함이 더욱 크게 느껴질 수 있다.

(2) 붉은 발진 및 피부 민감도 증가

왁싱(Waxing) 후에 피부가 붉어지고 발진이 생길 수 있다. 이는 모근이 피부조직과 분리되어 피부에 자극이 되며 각질층을 감소시키거나 피부 민감도를 증가시킬 수 있다.

(3) 피부 염증 및 피지 선종

일부 사람들은 왁싱(Waxing) 후에 피부 염증이나 모낭이 제거되며 피지 선종이 발생할 수 있다. 이는 모낭이 막히면서 피지가 쌓이고 낭포가 형성되기 때문이다. 피지 선종(Sebaceous Cyst)은 피지선의 피지가 모낭에 쌓여 생긴 낭포로, 주로 피부 표면에 가까운 부위에서 발견되며, 체모가 자라는 모공뿐만 아니라 체모가 없는 부위에서도 발생할 수 있다.

(4) 과각화 및 인그로운 헤어(Ingrown Hair)

왁싱(Waxing) 후에는 피부에 물리적인 자극으로 인해 피부의 각질 증가와 함께 피부가 건조해질 수 있다. 왁싱(Waxing) 후 발생하는 과각화 및 인그로운 헤어(Ingrown Hair)는 체모가 피부 안으로 자라거나 피부 안에서 제대로 자라지 못하여 발생하는 현상이다. 특히, 왁싱(Waxing) 후에 주로 나타날 수 있으며, 민감한 부위에서 잘 발생할 수 있다. 또한, 왁스를 도포하고 제거하는 방향에 따라 체모가 피부조직 안에서 끊긴 상태로 성장하게 될 수 있다. 이로 인해 발생되는 과각화는 피부에 작은 발진으로 나타날 수 있고, 통증과 염증을 동반할 수 있다.

❷ 왁싱으로 인한 피부 트러블 개선

(1) 피부 진정

왁싱(Waxing) 후에는 피부에 일시적으로 자극을 최소화하기 위해 알로에 베라 젤과 같은 피부진정 성분을 함유한 제품을 사용하여 피부를 진정시키고 염증을 완화할 수 있다. 특히, 왁싱(Waxing) 후에는 피부에 알코올 등 자극이 될 수 있는 성분이 함유된 화장품이나 제품을 피해야 한다. 왁싱(Waxing) 후 관리 제품을 선택할 때는 피부를 진정시키고 촉촉하게 유지할 수 있는 제품을 선택하는 것이 좋다.

(2) 자외선 차단

왁싱(Waxing) 후 햇볕에 노출될 경우 피부가 민감해질 수 있다. 왁싱(Waxing) 후에는 햇볕을 피하거나 적절한 자외선 차단제를 사용하여 피부를 보호해야 한다.

(3) 집중 보습

왁싱(Waxing) 후에는 피부가 건조해질 수 있으므로 보습이 중요하다. 왁싱(Waxing) 전용 보습제를 사용하여 피부를 촉촉하게 유지해야 한다.

(4) 각질제거

왁싱(Waxing) 후에는 피부의 각질이 쌓일 수 있다. 주기적으로 왁싱(Waxing) 전용 각질제거제를 이용하여 부드럽게 각질제거를 해야 한다.

(5) 자극이 적은 옷 선택

왁싱(Waxing) 후에는 자극을 피하기 위해 너무 타이트하거나 마찰이 발생할 수 있는 옷을 피하고, 편안하면서 통기성이 좋은 옷을 선택해야 한다.

3 팔 제모하기

▶ 팔 상완 · 하완

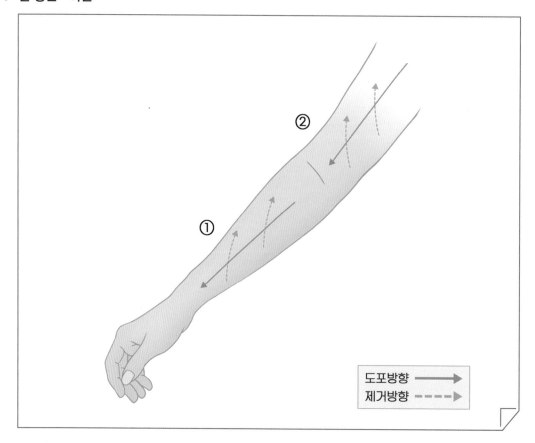

❶ 체모의 성장 방향

팔 부위의 체모는 전반적으로 위에서 아래 방향으로, 팔의 외측 사선 혹은 가로에 가까운 방향으로 성장하며 일부는 불규칙하게 분포되어 있다.

❷ 고객의 준비 및 적용 방향

① 고객의 팔 상완 부위와 하완 부위를 외측과 내측으로 나누어 왁스를 적용하며 위에서 아래 부위로 체모의 성장 방향으로 도포한다.

② 왁스 제거 시, 체모의 아래에서 위 방향으로 반드시 관리 부위의 성장 반대 방향을 확인하여 성장 반대 방향으로 제거 방향을 조절한다. 왁스 제거 후에는 신속하게 진정 제품을 적용한다.

❸ 관리 권장 제형 : 스트립 왁스, 하드 왁스

❹ 스트립 왁스 관리 방법

① 일회용 위생 장갑을 착용한 후 팔 부위 체모의 길이를 조절한다.

② 왁스를 적용하기 전, 팔 부위에 스킨 클렌저를 사용하여 피부의 잔여물이나 노폐물을 위생적으로 정돈하고 유·수분을 제거한다.

③ 팔 부위에 탈컴파우더를 체모의 성장 반대 방향과 성장 방향 모두에 도포한다.(일부 왁스는 탈컴파우더 적용을 하지 않아도 됨)

④ 적외선 온도계로 왁스 온도를 체크하거나 왁서의 안쪽 팔목에 온도 테스트를 한다.

⑤ 왁스의 도포 및 제거 시 팔 부위의 피부 조직이 고정되도록 텐션을 유지한다.

⑥ 체모의 성장 방향을 확인하고 스파츌라를 이용하여 적당한 양의 왁스를 체모의 성장 방향으로 도포한다. 팔의 상완 부위와 하완 부위를 나누어서 적용한다.

⑦ 스트립 천의 하단 부위에 왁스가 묻지 않도록 패치 공간을 남겨두고, 체모 성장 방향으로 스트립 천을 밀착시킨다.

⑧ 스트립이 제거되는 반대 방향으로 팔 부위 피부조직이 고정되도록 텐션을 유지한다.

⑨ 체모의 성장 반대 방향을 정확하게 확인하여 체모의 성장 반대 방향으로 조절하여 신속하게 제거 및 진정 동작을 적용한다.

⑩ 왁싱(Waxing) 전용 오일을 이용하여 피부의 왁스 잔여물을 제거한다.

⑪ 왁스로 제거되지 못한 체모는 트위져(족집게)를 사용하여 체모의 성장 방향으로 제거한다.

⑫ 트위져(족집게) 사용 시 해당 부위의 피부 텐션, 체모의 성장 방향으로 제거, 진정 동작이 모두 적용되어야 한다.

⑬ 왁싱(Waxing) 전용 진정 제품과 보습 제품을 도포한다.

❺ 하드 왁스 관리 방법

① 일회용 위생 장갑을 착용한 후 팔 부위 체모의 길이를 조절한다.

② 왁스를 적용하기 전, 팔 부위에 스킨 클렌저를 사용하여 피부의 잔여물이나 노폐물을 위생적으로 정돈하고 유·수분을 제거한다.

③ 팔 부위에 소량의 천연 식물성 오일을 흡수시키고, 마른 미용솜으로 잔여오일을 닦아낸다.(일부 왁스는 오일을 적용하지 않아도 됨)

④ 적외선 온도계로 왁스 온도를 체크하거나 왁서의 안쪽 팔목에 온도 테스트를 한다.

⑤ 왁스의 도포 및 제거 시 팔 부위의 피부 조직이 고정되도록 텐션을 유지한다.

⑥ 체모의 성장 방향을 확인하고 스파츌라를 이용하여 적당한 양의 왁스를 체모의 성장 방향으로 도포한다. 팔의 상완 부위와 하완 부위를 나누어서 적용한다.

⑦ 체모의 성장 반대 방향을 정확하게 확인하여 체모의 성장 반대 방향으로 조절하여 신속하게 제거 및 진정 동작을 적용한다.

⑧ 실내 온도가 높거나 습하면 왁스가 굳는 시간이 오래 걸리므로 관리 시간을 단축하기 위해 왁스를 빠르게 굳게 하는 퀵 드라이 미스트를 사용할 수 있다.

⑨ 왁스 패치의 가장자리와 끝부분은 왁스를 제거할 때 찢어지거나 끊어지지 않도록 사용 제품의 권장 두께로 균일하게 도포한다.

⑩ 왁싱(Waxing) 전용 오일을 이용하여 피부의 왁스 잔여물을 제거한다.

⑪ 왁스로 제거되지 못한 체모는 트위져(족집게)를 사용하여 체모의 성장 방향으로 제거한다.

⑫ 트위져(족집게) 사용 시 해당 부위의 피부 텐션, 체모의 성장 방향으로 제거, 진정 동작이 모두 적용되어야 한다.

⑬ 왁싱(Waxing) 전용 진정 제품과 보습 제품을 도포한다.

4 손가락 및 손등 제모하기

▶ 손가락 및 손등

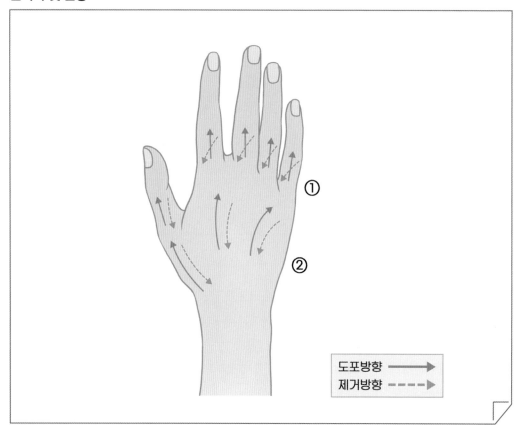

❶ 체모의 성장 방향

손가락 및 손등 부위의 체모는 손목에서 손가락 끝 방향으로 위에서 아래의 사선 방향 또는 방사선 형태의 방향으로 성장하며 일부는 불규칙하게 분포되어 있다.

❷ 고객의 준비 및 적용 방향

① 고객이 주먹을 쥔 상태로 관리 부위의 피부 조직이 고정되도록 텐션을 유지하고 손목을 쿠션 등을 이용하여 편안한 자세를 유지한다.

② 고객의 손등과 손가락을 나누어 왁스를 적용하며 위에서 아래 부위로 체모의 성장 방향으로 일자로 도포한다.

③ 왁스 제거 시, 체모의 아래에서 위 방향으로 반드시 관리 부위의 성장 반대 방향을 확인하여 성장 반대 방향으로 제거 방향을 조절한다. 왁스 제거 후에는 신속하게 진정 동작을 적용한다.

❸ 관리 권장 제형 : 스트립 왁스, 하드 왁스

❹ 스트립 왁스 관리 방법

① 일회용 위생 장갑을 착용한 후 손등 및 손가락 부위 체모의 길이를 조절한다.

② 왁스를 적용하기 전, 손등 및 손가락 부위에 스킨 클렌저를 사용하여 피부의 잔여물이나 노폐물을 위생적으로 정돈하고 유·수분을 제거한다.

③ 손등 및 손가락 부위에 탈컴파우더를 체모의 성장 반대 방향과 성장 방향 모두에 도포한다.(일부 왁스는 탈컴파우더 적용을 하지 않아도 됨)

④ 적외선 온도계로 왁스 온도를 체크하거나 왁서의 안쪽 팔목에 온도 테스트를 한다.

⑤ 왁스의 도포 및 제거 시 손등 및 손가락 부위의 피부 조직이 고정되도록 고객이 주먹을 쥔 상태로 텐션을 유지한다.

⑥ 체모의 성장 방향을 확인하고 스파츌라를 이용하여 적당한 양의 왁스를 체모의 성장 방향으로 도포한다. 손등 및 손가락 부위를 나누어서 적용한다.

⑦ 스트립 천의 하단 부위에 왁스가 묻지 않도록 패치 공간을 남겨두고 체모 성장 방향으로 스트립 천을 밀착시킨다.

⑧ 스트립이 제거되는 반대 방향으로 손등 및 손가락 부위 피부조직이 고정되도록 텐션을 유지한다.

⑨ 체모의 성장 반대 방향을 정확하게 확인하여 체모의 성장 반대 방향으로 조절하여 신속하게 제거 및 진정 동작을 적용한다.

⑩ 왁싱(Waxing) 전용 오일을 이용하여 피부의 왁스 잔여물을 제거한다.

⑪ 왁스로 제거되지 못한 체모는 트위져(족집게)를 사용하여 체모의 성장 방향으로 제거한다.

⑫ 트위져(족집게) 사용 시 해당 부위의 피부 텐션, 체모의 성장 방향으로 제거, 진정 동작이 모두 적용되어야 한다.

⑬ 왁싱(Waxing) 전용 진정 제품과 보습 제품을 도포한다.

⑤ 하드 왁스 관리 방법

① 일회용 위생 장갑을 착용한 후 손등 및 손가락 부위 체모의 길이를 조절한다.

② 왁스를 적용하기 전, 손등 및 손가락 부위에 스킨 클렌저를 사용하여 피부의 잔여물이나 노폐물을 위생적으로 정돈하고 유·수분을 제거한다.

③ 손등 및 손가락 부위에 소량의 천연 식물성 오일을 흡수시키고 마른 미용솜으로 잔여오일을 닦아낸다.(일부 왁스는 오일을 적용하지 않아도 됨)

④ 적외선 온도계로 왁스 온도를 체크하거나 왁서의 안쪽 팔목에 온도 테스트를 한다.

⑤ 왁스의 도포 및 제거 시 손등 및 손가락 부위의 피부 조직이 고정되도록 고객이 주먹을 쥔 상태로 텐션을 유지한다.

⑥ 체모의 성장 방향을 확인하고 스파츌라를 이용하여 적당한 양의 왁스를 체모의 성장 방향으로 도포한다. 손등 및 손가락 부위를 나누어서 적용한다.

⑦ 체모의 성장 반대 방향을 정확하게 확인하여 체모의 성장 반대 방향으로 조절하여 신속하게 제거 및 진정 동작을 적용한다.

⑧ 실내 온도가 높거나 습하면 왁스가 굳는 시간이 오래 걸리므로 관리 시간을 단축하기 위해 왁스를 빠르게 굳게 하는 퀵 드라이 미스트를 사용할 수 있다.

⑨ 왁스 패치의 가장자리와 끝부분은 왁스를 제거할 때 찢어지거나 끊어지지 않도록 사용 제품의 권장 두께로 균일하게 도포한다.

⑩ 왁싱(Waxing) 전용 오일을 이용하여 피부의 왁스 잔여물을 제거한다.

⑪ 왁스로 제거되지 못한 체모는 트위져(족집게)를 사용하여 체모의 성장 방향으로 제거한다.

⑫ 트위져(족집게) 사용 시 해당 부위의 피부 텐션, 체모의 성장 방향으로 제거, 진정 동작이 모두 적용되어야 한다.

⑬ 왁싱(Waxing) 전용 진정 제품과 보습 제품을 도포한다.

5 겨드랑이 제모하기

▶ **겨드랑이**

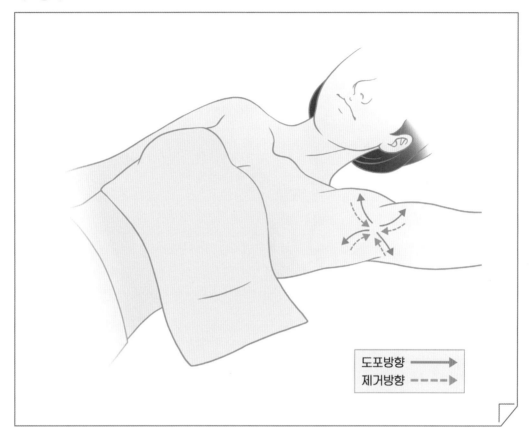

도포방향 ──────▶
제거방향 ------▶

❶ 체모의 성장 방향

겨드랑이 부위의 체모는 겨드랑이가 접히는 주름을 기준으로 위·아래로 또는 위·아래·좌·우 사방의 방사선 형태의 방향으로 성장하며 일부는 불규칙하게 분포되어 있다.

❷ 고객의 준비 및 적용 방향

고객이 한쪽 팔을 들고 반대 손으로 겨드랑이 피부조직이 아래 방향으로 고정되도록 텐션을 유지하고 어깨 아래에 쿠션 등을 이용하여 편안한 자세를 유지한다.

❸ 관리 권장 제형 : 하드 왁스, 슈가 왁스

❹ 하드 왁스 관리 방법

① 일회용 위생 장갑을 착용한 후 겨드랑이 부위 체모의 길이를 조절한다.

② 왁스를 적용하기 전, 겨드랑이 부위에 스킨 클렌저를 사용하여 피부의 잔여물이나 노폐물을 위생적으로 정돈하고 유·수분을 제거한다.

③ 겨드랑이 부위에 소량의 천연 식물성 오일을 흡수시키고 마른 미용솜으로 잔여오일을 닦아낸다.(일부 왁스는 오일을 적용하지 않아도 됨)

④ 적외선 온도계로 왁스 온도를 체크하거나 왁서의 안쪽 팔목에 온도 테스트를 한다.

⑤ 왁스의 도포 및 제거 시 겨드랑이 부위의 피부 조직이 고정되도록 텐션을 유지한다.

⑥ 체모의 성장 방향을 확인하고 스파츌라를 이용하여 적당한 양의 왁스를 체모의 성장 방향으로 도포한다. 겨드랑이 접히는 주름을 기준으로 나누어서 적용한다.

⑦ 체모의 성장 반대 방향을 정확하게 확인하여 체모의 성장 반대 방향으로 조절하여 신속하게 제거 및 진정 동작을 적용한다.

⑧ 실내 온도가 높거나 습하면 왁스가 굳는 시간이 오래 걸리므로 관리 시간을 단축하기 위해 왁스를 빠르게 굳게 하는 퀵 드라이 미스트를 사용할 수 있다.

⑨ 왁스 패치의 가장자리와 끝부분은 왁스를 제거할 때 찢어지거나 끊어지지 않도록 사용 제품의 권장 두께로 균일하게 도포한다.

⑩ 왁싱(Waxing) 전용 오일을 이용하여 피부의 왁스 잔여물을 제거한다.

⑪ 왁스로 제거되지 못한 체모는 트위져(족집게)를 사용하여 체모의 성장 방향으로 제거한다.

⑫ 트위져(족집게) 사용 시 해당 부위의 피부 텐션, 체모의 성장 방향으로 제거, 진정 동작이 모두 적용되어야 한다.

⑬ 왁싱(Waxing) 전용 진정 제품과 보습 제품을 도포한다.

⑤ 슈가 왁스 관리 방법

① 일회용 위생 장갑을 착용한 후 겨드랑이 부위 체모의 길이를 조절한다.

② 왁스를 적용하기 전, 겨드랑이 부위에 스킨 클렌저를 사용하여 피부의 잔여물이나 노폐물을 위생적으로 정돈하고 유·수분을 제거한다.

③ 겨드랑이 부위에 탈컴파우더를 체모의 성장 반대 방향과 성장 방향 모두에 도포한다. 겨드랑이 접히는 주름을 기준으로 나누어서 적용한다.

④ 왁스의 도포 및 제거 시 겨드랑이 부위의 피부 조직이 고정되도록 텐션을 유지한다.

⑤ 체모의 성장 방향을 확인하고 겨드랑이 부위에 적당한 양의 슈가 왁스를 위생장갑 착용한 손으로 잡아 손끝에 둥글게 모아 모발의 성장 반대 방향으로 밀착이 되도록 도포한다.

⑥ 체모의 성장 방향으로 탄력 있게 링의 형태로 신속하게 제거한다.

⑦ 제거가 된 슈가 왁스는 다시 손 끝에 둥글게 모아 1인 고객에 한해 여러 번 사용이 가능하다.

⑧ 친수성 스킨 클렌저를 이용하여 피부의 왁스 잔여물을 제거한다.

⑨ 왁스로 제거되지 못한 체모는 트위져(족집게)를 사용하여 체모의 성장 방향으로 제거한다.

⑩ 트위져(족집게) 사용 시 해당 부위의 피부 텐션, 체모의 성장 방향으로 제거, 진정 동작이 모두 적용되어야 한다.

⑪ 왁싱(Waxing) 전용 진정 제품과 보습 제품을 도포한다.

6 다리 제모하기

▶ 다리 대퇴부 · 하퇴부

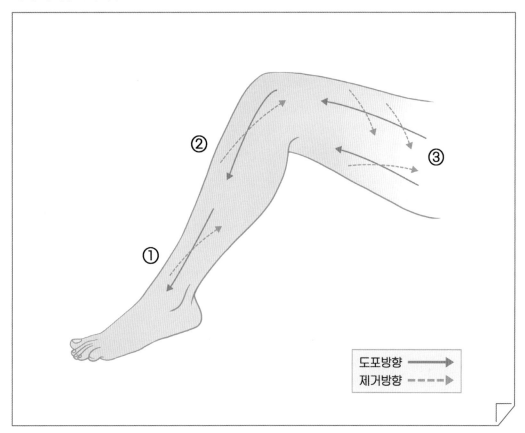

① 체모의 성장 방향

다리 부위의 체모는 위에서 아래 방향으로 사선 또는 가로 방향으로 성장하며 일부는 불규칙하게 분포되어있다.

② 고객의 준비 및 적용 방향

① 고객의 다리를 대퇴부와 하퇴부를 외측과 내측으로 나누어 왁스를 적용하며 위에서 아래 부위로 체모의 성장 방향으로 직선으로 편평하게 일자로 도포한다. 관리 부위에 따라서 무릎을 세우거나 내측 또는 외측으로 방향을 바꾸고 쿠션 등을 이용하여 편안한 자세를 유지한다.

② 후면 관리 시는 엎드려 누울 수 있도록 한다.

③ 왁스 제거 시, 체모의 아래에서 위 방향으로 반드시 관리 부위의 성장 반대 방향을 확인하여 성장 반대 방향으로 제거 방향을 조절한다. 왁스 제거 후에는 신속하게 진정 동작을 적용한다.

③ 관리 권장 제형 : 스트립 왁스

❹ 스트립 왁스 관리 방법

① 일회용 위생 장갑을 착용한 후 다리 부위 체모의 길이를 조절한다.

② 왁스를 적용하기 전, 다리 부위에 스킨 클렌저를 사용하여 피부의 잔여물이나 노폐물을 위생적으로 정돈하고 유·수분을 제거한다.

③ 다리 부위에 탈컴파우더를 체모의 성장 반대 방향과 성장 방향 모두에 도포한다.(일부 왁스는 탈컴파우더 적용을 하지 않아도 됨)

④ 적외선 온도계로 왁스 온도를 체크하거나 왁서의 안쪽 팔목에 온도 테스트를 한다.

⑤ 왁스의 도포 및 제거 시 다리 부위의 피부 조직이 고정되도록 텐션을 유지한다.

⑥ 체모의 성장 방향을 확인하고 스파츌라를 이용하여 적당한 양의 왁스를 체모의 성장 방향으로 도포한다. 다리의 대퇴부와 하퇴부위를 나누어서 적용한다.

⑦ 스트립 천의 하단 부위에 왁스가 묻지 않도록 패치 공간을 남겨두고 체모 성장 방향으로 스트립 천을 밀착시킨다.

⑧ 스트립이 제거되는 반대 방향으로 다리 부위의 피부조직이 고정되도록 텐션을 유지한다.

⑨ 체모의 성장 반대 방향을 정확하게 확인하여 체모의 성장 반대 방향으로 조절하여 신속하게 제거 및 진정 동작을 적용한다.

⑩ 왁싱(Waxing) 전용 오일을 이용하여 피부의 왁스 잔여물을 제거한다.

⑪ 왁스로 제거되지 못한 체모는 트위져(족집게)를 사용하여 체모의 성장 방향으로 제거한다.

⑫ 트위져(족집게) 사용 시 해당 부위의 피부 텐션, 체모의 성장 방향으로 제거, 진정 동작이 모두 적용되어야 한다.

⑬ 왁싱(Waxing) 전용 진정 제품과 보습 제품을 도포한다.

7 발가락 및 발등 제모하기

▶ 발가락 및 발등

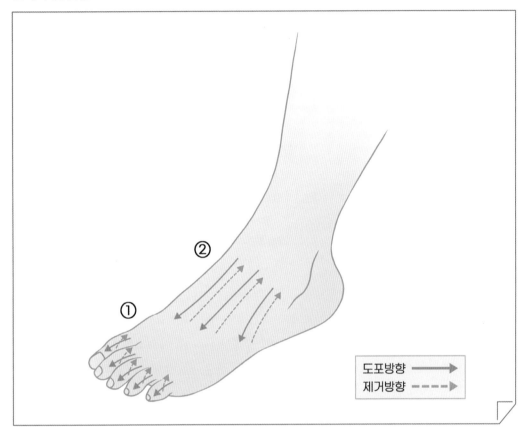

도포방향 ⟶
제거방향 ┄┄▶

1 체모의 성장 방향

발등·발가락 부위의 체모는 발목에서 발가락 끝 방향으로 위에서 아래 방향으로 사선 또는 방사선 형태로 성장하며 일부는 불규칙하게 분포되어있다.

2 고객의 준비 및 적용 방향

고객은 무릎을 세워서 눕거나 앉고 발등과 발가락을 나누어 왁스를 적용하며 위에서 아래 부위로 체모의 성장 방향을 직선으로 편평하게 도포한다. 왁스 제거 시, 체모의 아래에서 위 방향으로 반드시 관리 부위의 성장 반대 방향을 확인하여 성장 반대 방향으로 제거 방향을 조절한다. 왁스 제거 후에는 신속하게 진정 동작을 적용한다.

3 관리 권장 제형 : 스트립 왁스, 하드 왁스

4 스트립 왁스 관리 방법

① 일회용 위생 장갑을 착용한 후 발가락 및 발등 부위 체모의 길이를 조절한다.

② 왁스를 적용하기 전, 발가락 및 발등 부위에 스킨 클렌저를 사용하여 피부의 잔여물이나 노폐물을 위생적으로 정돈하고 유·수분을 제거한다.

③ 발등 부위에 탈컴파우더를 체모의 성장 반대 방향과 성장 방향 모두에 도포한다.(일부 왁스는 탈컴파우더 적용을 하지 않아도 됨)

④ 적외선 온도계로 왁스 온도를 체크하거나 왁서의 안쪽 팔목에 온도 테스트를 한다.

⑤ 왁스의 도포 및 제거 시 발가락 및 발등 부위의 피부 조직이 고정되도록 텐션을 유지한다.

⑥ 체모의 성장 방향을 확인하고 스파츌라를 이용하여 적당한 양의 왁스를 체모의 성장 방향으로 도포한다. 발가락 및 발등 부위를 나누어서 적용한다.

⑦ 스트립 천의 하단 부위에 왁스가 묻지 않도록 패치 공간을 남겨두고 체모 성장 방향으로 스트립 천을 밀착시킨다.

⑧ 스트립이 제거되는 반대 방향으로 발가락 및 발등 부위의 피부조직이 고정되도록 텐션을 유지한다.

⑨ 체모의 성장 반대 방향을 정확하게 확인하여 체모의 성장 반대 방향으로 조절하여 신속하게 제거 및 진정 동작을 적용한다.

⑩ 왁싱(Waxing) 전용 오일을 이용하여 피부의 왁스 잔여물을 제거한다.

⑪ 왁스로 제거되지 못한 체모는 트위져(족집게)를 사용하여 체모의 성장 방향으로 제거한다.

⑫ 트위져(족집게) 사용 시 해당 부위의 피부 텐션, 체모의 성장 방향으로 제거, 진정 동작이 모두 적용되어야 한다.

⑬ 왁싱(Waxing) 전용 진정 제품과 보습 제품을 도포한다.

❺ 하드 왁스 관리 방법

① 일회용 위생 장갑을 착용한 후 발가락 및 발등 부위 체모의 길이를 조절한다.

② 왁스를 적용하기 전, 발가락 및 발등 부위에 스킨 클렌저를 사용하여 피부의 잔여물이나 노폐물을 위생적으로 정돈하고 유·수분을 제거한다.

③ 발가락 및 발등 부위에 소량의 천연 식물성 오일을 흡수시키고 마른 미용솜으로 잔여 오일을 닦아낸다.(일부 왁스는 오일을 적용하지 않아도 됨)

④ 적외선 온도계로 왁스 온도를 체크하거나 왁서의 안쪽 팔목에 온도 테스트를 한다.

⑤ 왁스의 도포 및 제거 시 발가락 및 발등 부위의 피부 조직이 고정되도록 텐션을 유지한다.

⑥ 체모의 성장 방향을 확인하고 스파츌라를 이용하여 적당한 양의 왁스를 체모의 성장 방향으로 도포한다. 발가락 및 발등 부위를 나누어서 적용한다.

⑦ 체모의 성장 반대 방향을 정확하게 확인하여 체모의 성장 반대 방향으로 조절하여 신속하게 제거 및 진정 동작을 적용한다.

⑧ 실내 온도가 높거나 습하면 왁스가 굳는 시간이 오래 걸리므로 관리 시간을 단축하기 위해 왁스를 빠르게 굳게 하는 퀵 드라이 미스트를 사용할 수 있다.

⑨ 왁스 패치의 가장자리와 끝부분은 왁스를 제거할 때 찢어지거나 끊어지지 않도록 사용 제품의 권장 두께로 균일하게 도포한다.

⑩ 왁싱(Waxing) 전용 오일을 이용하여 피부의 왁스 잔여물을 제거한다.

⑪ 왁스로 제거되지 못한 체모는 트위져(족집게)를 사용하여 체모의 성장 방향으로 제거한다.

⑫ 트위져(족집게) 사용 시 부위의 피부 텐션, 체모의 성장 방향으로 제거, 진정 동작이 모두에게 적용되어야 한다.

⑬ 왁싱(Waxing) 전용 진정 제품과 보습 제품을 도포한다.

Chapter 02 응용 제모 테크닉

학습목표

- 고객의 관리 부위에 적합한 관리 권장 왁스의 제형을 선택하고 준비할 수 있다.
- 고객의 이미지 또는 민감한 부위를 고려하여 준비하고 체모의 성장 방향을 확인하여 왁스를 적용하고 제거할 수 있다.
- 왁싱 전용 진정 제품과 보습 제품을 도포하고 왁싱 후 주의 사항과 사후 관리를 안내할 수 있다.

1 응용 제모의 이해

❶ 응용 제모의 정의

얼굴 및 몸매 부위의 불필요한 체모를 부위에 맞는 제품을 이용하여 위생적으로 제거하는 것이다.

❷ 제모의 이미지

고객의 이미지를 고려한 이미지를 적용함으로써 고객의 이미지 향상에 도움을 줄 수 있다.

(1) 표준이 되는 눈썹의 비율

① 표준이 되는 눈썹은 눈썹의 앞머리와 콧망울이 직선이 되는 부위에서 약 0.3~0.4cm 앞쪽에서 시작된다. 눈썹과 눈썹 사이의 간격은 고객의 손가락 두 마디 정도로 약 3.3cm 간격이다.

② 눈썹산은 눈썹 전체 길이의 2/3지점으로 가장 높은 위치이며, 눈썹 꼬리는 콧망울과 눈꼬리를 약 45°로 연결한 부위이다.

③ 여자 눈썹의 평균 길이는 약 4.5~5cm이고, 남자 눈썹의 평균 길이는 약 6cm이다.

④ 여자 눈썹의 두께는 눈썹 앞머리보다 눈썹산이 더 얇은 형태이다. 반대로 남자의 경우는 눈썹 앞머리보다 눈썹산이 굵은 형태이다.

⑤ 눈썹의 길이는 약 7~20mm이며 눈썹의 모주기는 약 4~5개월이다.

(2) 눈썹 형태별 이미지

① 눈썹은 얼굴의 인상 및 이미지를 결정하거나 연출하는데 많은 비중을 차지한다.

② 눈썹 시작점의 위치, 눈썹산의 높이와 각도, 눈썹 꼬리의 위치, 눈썹 색상에 따라 다양하게 표현할 수 있다.

③ 눈썹 왁싱(Waxing)은 고객 얼굴의 장점은 강화하고 단점은 보완할 수 있도록 적용해야 한다.

④ 고객의 이미지에 따른 눈썹의 형태를 파악하고 고객과 충분한 의사소통을 통해 디자인 형태를 결정하여 제거해야 한다.

⑤ 고객에게 어울리는 디자인을 고려한 왁싱(Waxing)으로 변화되는 눈썹의 형태와 길이는 고객의 이미지 또는 얼굴형이 다르게 보이도록 착시현상을 유도할 수 있다.

⑥ 눈썹의 형태에 따른 이미지를 살펴보면 얼굴형에 어울리는 눈썹의 형태를 파악할 수 있다.

(3) 눈썹의 구분

구분	내용
상승형	• 눈썹의 시작 부위와 꼬리 부위의 높이 차이가 크다. • 강한 이미지를 연출할 수 있으며 지나치면 무섭거나 화난 것처럼 보일 수 있다. • 관자놀이가 패였을 경우 눈썹의 각도를 낮추어 연출한다. 상승형 눈썹은 둥근 얼굴형에 어울리는 형태이다.
하강형	• 눈썹길이의 2/3지점부터 하강하며 눈썹 꼬리 높이의 위치가 눈썹 시작점보다 아래방향으로 내려간다. • 온화한 느낌 또는 슬픈 이미지를 연출할 수 있고 나이가 들어보일 수도 있는 형태이다.

(4) 눈썹 종류 4가지

▶ **기본형 · 수평형 · 아치형 · 각진형**

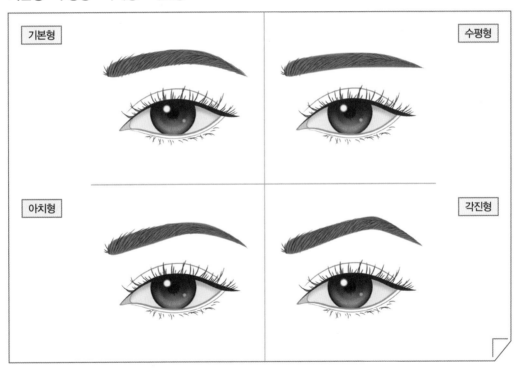

구분	내용
기본형	표준형 눈썹으로 눈썹산이 자연스럽게 상승하다가 부드럽게 곡선을 그리며 하향한다. 모든 얼굴형에 어울리는 형태이다.
수평형	'일자형 또는 직선형 눈썹'이라고 부르며 시작점, 눈썹 꼬리의 높이, 기울기, 높이가 차이가 없다. 활동적인 이미지로 연출할 수 있다. 긴 얼굴, 폭이 좁은 얼굴에 어울리며 시선을 가로 방향으로 분산시킬 수 있다.

구분	내용
아치형	기본형 눈썹보다 기울기가 높고 눈썹의 시작점과 눈썹 꼬리가 수평을 이루거나 앞머리가 조금 내려가는 형태이다. 넓은 이마, 각진 턱, 역삼각형 얼굴형, 다이아몬드 얼굴형에 어울리며 시선을 상승된 가로 방향으로 분산시킬 수 있다.
각진형	기본형 눈썹보다 기울기가 급하게 꺾이는 형태로 샤프하거나 세련되게 오피스 메이크업을 연출할 수 있다. 둥근 얼굴형을 각진 느낌으로 중화시키거나 전체적으로 얼굴 길이가 짧은 사람에게 길이감이 있도록 시선을 분산시킬 수 있다.

❸ 메이크업 착시 현상

실제 대상을 본래의 형태와 다르게 지각하거나 왜곡되어 보이는 현상을 착시 현상이라고 한다. 색채와 선에 의해 메이크업 착시로 활용된다.

(1) 색채에 의한 착시

색채에 의한 착시 현상은 밝은 컬러의 하이라이트는 확장 효과, 어두운 컬러의 쉐딩은 축소 효과로 입체감을 조절하여 표현할 수 있다. 특히, 고객의 눈썹에 어울리는 색채를 조절하여 왁싱(Waxing) 후 고객의 이미지를 변화시킬 수 있다.

(2) 선에 의한 착시

▶ 눈썹에 따른 이미지

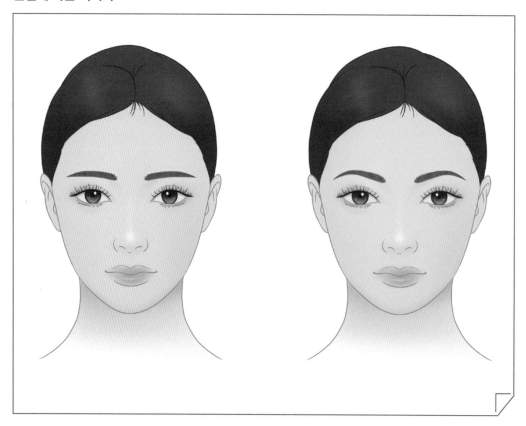

눈썹의 시작과 끝이 수평한지, 상승했는지, 하강했는지에 따라서 눈썹선의 위치와 길이로 착시현상을 조절할 수 있다.

예를 들면 눈썹선이 수평이면 눈썹 아래의 얼굴이 둥글게 보이게 되어 고객의 얼굴의 길이가 짧아 보일 수 있다. 하지만 얼굴이 많이 둥근 고객일 경우 눈썹선이 수평이면 오히려 더 둥글게 보일 수 있으므로 주의해야 한다. 이러한 경우에는 눈썹선을 수평으로 하는 것 보다 상승형으로 표현하는 것이 바람직하다. 눈썹을 상승시키면 시선이 분산되며 얼굴이 좁아보이거나 다소 길어 보일 수 있기 때문이다. 뿐만 아니라 미간이 좁으면 답답한 이미지로 보일 수 있어 눈썹과 눈썹 사이 길이는 약 3.3cm가 이상적인 비율이며 고객의 손가락 두마디 정도로 체크할 수 있다.

② 피부미용 얼굴 제모하기 ❶ – 헤어라인, 눈썹 왁싱

▶ 헤어라인, 눈썹 왁싱

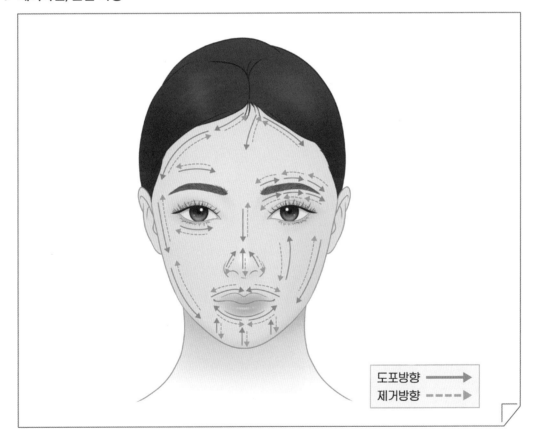

도포방향 ⟶
제거방향 ----⟶

❶ 체모의 성장 방향

① 헤어라인의 부위는 대부분 고객의 모류 방향 중심으로 좌·우, 위에서 아래 방향으로 성장하며 일부 방사선 형태 또는 불규칙하게 분포되어 있다.

② 눈썹 부위는 눈썹 시작점의 앞머리는 위로 성장하며 방사선 형태로 퍼져 2/3지점까지 둥근 가로 방향으로, 나머지는 눈썹 꼬리부분을 향해 위에서 아래의 사선으로 모아져 성장하며 일부 불규

칙하거나 눈썹 꼬리부분이 상승되어 분포되어 있다.

③ 이마와 코, 부위는 위에서 아래로 외측과 내측 사선으로 성장하며 일부 불규칙하게 분포되어 있다.

④ 인중 부위는 전반적으로 위에서 아래 방향으로 한다.

⑤ 윗입술 중앙에서 입꼬리 부위는 사선형태로 얼굴의 내측에서 외측으로 성장한다.

⑥ 입꼬리 부위에서 아랫입술 중앙은 얼굴의 외측에서 내측의 사선 형태로 성장하며 일부 불규칙하게 분포되어 있다.

❷ 고객의 준비 및 적용 방향

① 고객의 헤어에 터번이나 헤어밴드로 모발이 흘러내리지 않도록 고정한다. 눈썹 또는 인중 관리는 의자에 앉아서 관리가 가능하기 때문에 왁스가 고객의 옷에 떨어지지 않도록 주의해야 한다.

② 베드에 누워서 관리를 하는 경우, 왁스가 고객의 헤어 또는 얼굴에 떨어질 수 있으므로 터번 등으로 고객의 귀와 헤어 라인을 감싸 보호한다.

③ 인중 왁싱(Waxing) 시 고객의 윗입술과 아랫입술을 입안으로 포개어 구륜근 근육 위의 피부조직을 고정시킬 수 있다.

❸ 관리 권장 제형 : 하드 왁스

❹ 헤어라인·눈썹 디자인 왁싱

구분	내용
헤어라인 왁싱	• 고객의 헤어라인의 넓이와 좌우 대칭을 파악한다. • 눈썹의 시작점, 눈썹산, 눈썹 꼬리의 위치를 기준으로 헤어라인을 디자인 펜슬로 체크한다. • 눈썹의 위치에서 제거해야 하는 헤어라인의 길이를 곡선자로 체크하여 좌우 균형을 맞춘다.
눈썹 왁싱	• 브로우 브러쉬를 이용하여 눈썹을 성장 방향으로 빗어 정리한다. • 브로우 브러쉬와 브로우 커팅 가위를 이용하여 눈썹의 길이를 적당하게 커팅한다. • 디자인용 펜슬과 곡선자를 이용하여 눈썹의 시작점, 눈썹산, 눈썹 꼬리의 높이와 길이, 두께를 체크하고 좌우대칭과 균형을 맞춘다.

❺ 하드 왁스 관리 방법

① 일회용 위생 장갑을 착용한 후 헤어라인 및 눈썹 부위 체모의 길이를 조절한다.

② 왁스를 적용하기 전, 헤어라인 및 눈썹 부위에 스킨 클렌저를 사용하여 피부의 잔여물이나 노폐물을 위생적으로 정돈하고 유·수분을 제거한다.

③ 헤어라인 및 눈썹 부위에 소량의 천연 식물성 오일을 흡수시키고 마른 미용솜으로 잔여오일을 닦아낸다.(일부 왁스는 오일을 적용하지 않아도 됨)

④ 적외선 온도계로 왁스 온도를 체크하거나 왁서의 안쪽 팔목에 온도 테스트를 한다.

⑤ 왁스의 도포 및 제거 시 헤어라인 및 눈썹 부위의 피부 조직이 고정되도록 텐션을 유지한다.

⑥ 체모의 성장 방향을 확인하고 스파츌라를 이용하여 적당한 양의 왁스를 체모의 성장 방향으로 도포한다. 헤어라인이나 눈썹 부위의 좌우 대칭을 파악하고 나누어서 적용한다.

⑦ 체모의 성장 반대 방향을 정확하게 확인하여 체모의 성장 반대 방향으로 조절하여 신속하게 제거 및 진정 동작을 적용한다.

⑧ 왁스 패치의 가장자리와 끝부분은 왁스를 제거할 때 찢어지거나 끊어지지 않도록 사용 제품의 권장 두께로 균일하게 도포한다.

⑨ 왁싱(Waxing) 전용 오일을 이용하여 피부의 왁스 잔여물을 제거한다.

⑩ 왁스로 제거되지 못한 체모는 트위져(족집게)를 사용하여 체모의 성장 방향으로 제거한다.

⑪ 트위져(족집게) 사용 시 해당 부위의 피부 텐션, 체모의 성장 방향으로 제거, 진정 동작이 모두 적용되어야 한다.

⑫ 왁싱(Waxing) 전용 진정 제품과 보습 제품을 도포한다.

③ 피부미용 얼굴 제모하기 ❷ – 이마, 코, 볼, 인중 왁싱

▶ 이마, 코, 볼, 인중 왁싱

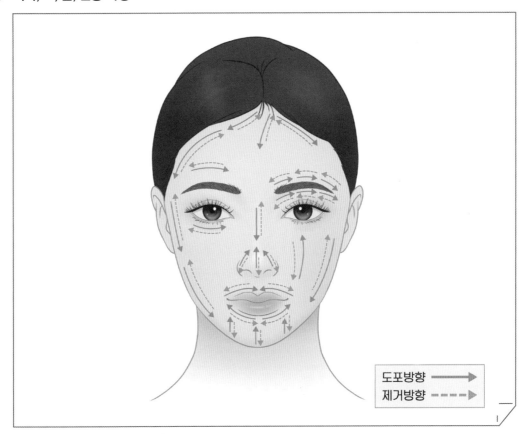

도포방향 ⟶
제거방향 ----▶

❶ 하드 왁스 관리 방법

① 일회용 위생 장갑을 착용한 후 이마, 코, 볼, 인중 부위 체모의 길이를 조절한다.

② 왁스를 적용하기 전, 이마, 코, 볼, 인중 부위에 스킨 클렌저를 사용하여 피부의 잔여물이나 노폐물을 위생적으로 정돈하고 유·수분을 제거한다.

③ 이마, 코, 볼, 인중 부위에 소량의 천연 식물성 오일을 흡수시키고 마른 미용솜으로 잔여오일을 닦아낸다.(일부 왁스는 오일을 적용하지 않아도 됨)

④ 적외선 온도계로 왁스 온도를 체크하거나 왁서의 안쪽 팔목에 온도 테스트를 한다.

⑤ 왁스의 도포 및 제거 시 이마, 코, 볼, 인중 부위의 피부 조직이 고정되도록 텐션을 유지한다.

⑥ 체모의 성장 방향을 확인하고 스파츌라를 이용하여 적당한 양의 왁스를 체모의 성장 반대 방향으로 도포한다. 이마, 코, 볼, 인중 부위의 좌우를 나누어서 적용한다.

⑦ 체모의 성장 방향을 정확하게 확인하여 체모의 성장 방향으로 조절하여 신속하게 제거 및 진정 동작을 적용한다.

⑧ 왁스 패치의 가장자리와 끝부분은 왁스를 제거할 때 찢어지거나 끊어지지 않도록 사용 제품의 권장 두께로 균일하게 도포한다.

⑨ 왁싱(Waxing) 전용 오일을 이용하여 피부의 왁스 잔여물을 제거한다.

⑩ 왁스로 제거되지 못한 체모는 트위져(족집게)를 사용하여 체모의 성장 방향으로 제거한다.

⑪ 트위져(족집게) 사용 시 해당 부위의 피부 텐션, 체모의 성장 방향으로 제거, 진정 동작이 모두 적용되어야 한다.

⑫ 왁싱(Waxing) 전용 진정 제품과 보습 제품을 도포한다.

4 피부미용 몸매 제모하기 ❶ – 가슴 및 복부 왁싱

▶ 가슴 및 복부 왁싱

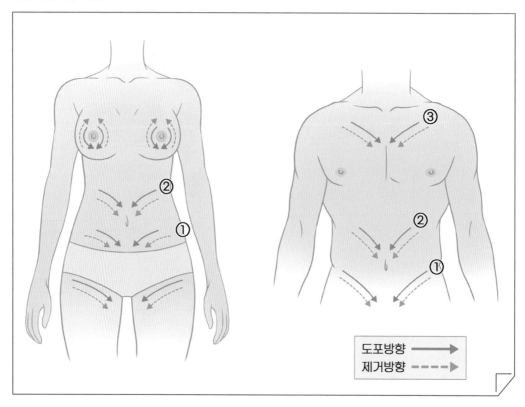

도포방향 ——→
제거방향 ----→

❶ 체모의 성장 방향

가슴과 복부 부위의 체모는 위에서 아래 방향으로 인체의 중심을 향해 사선 방향 또는 가로 방향으로 성장하며 일부는 불규칙하게 분포되어 있다.

❷ 고객의 준비 및 적용 방향

① 고객은 편안한 자세로 눕고 관리 부위를 제외한 노출을 최소화한다.

② 관리부위의 피부 조직이 고정되도록 텐션을 유지한다. 고객의 인체 중심으로 체모의 밀도가 높아지므로 외측에서 내측으로 제거한다.

③ 왁스 제거 시, 체모의 아래에서 위 방향으로 반드시 관리 부위의 성장 반대 방향을 확인하여 성장 반대 방향으로 제거 방향을 조절한다. 왁스 제거 후에는 신속하게 진정 동작을 적용한다.

❸ 관리 권장 제형 : 하드 왁스

❹ 하드 왁스 관리 방법

① 일회용 위생 장갑을 착용한 후 가슴 및 복부 부위 체모의 길이를 조절한다.

② 왁스를 적용하기 전, 가슴 및 복부 부위에 스킨 클렌저를 사용하여 피부의 잔여물이나 노폐물을 위생적으로 정돈하고 유·수분을 제거한다.

③ 가슴 및 복부 부위에 소량의 천연 식물성 오일을 흡수시키고 마른 미용솜으로 잔여오일을 닦아낸다.(일부 왁스는 오일을 적용하지 않아도 됨)

④ 고객의 적외선 온도계로 왁스 온도를 체크하거나 왁서의 안쪽 팔목에 온도 테스트를 한다.

⑤ 왁스의 도포 및 제거 시 가슴 및 복부 부위의 피부 조직이 고정되도록 텐션을 유지한다.

⑥ 체모의 성장 방향을 확인하고 스파츌라를 이용하여 적당한 양의 왁스를 체모의 성장 방향으로 도포한다. 가슴 및 복부 부위의 좌우를 나누어서 적용한다.

⑦ 체모의 성장 반대 방향을 정확하게 확인한 후 체모의 성장 반대 방향으로 조절하여 신속하게 제거 및 진정 동작을 적용한다.

⑧ 왁스 패치의 가장자리와 끝부분은 왁스를 제거할 때 찢어지거나 끊어지지 않도록 사용 제품의 권장 두께로 균일하게 도포한다.

⑨ 왁싱(Waxing) 전용 오일을 이용하여 피부의 왁스 잔여물을 제거한다.

⑩ 왁스로 제거되지 못한 체모는 트위져(족집게)를 사용하여 체모의 성장 방향으로 제거한다.

⑪ 트위져(족집게) 사용 시 해당 부위의 피부 텐션, 체모의 성장 방향으로 제거, 진정 동작이 모두 적용되어야 한다.

⑫ 왁싱(Waxing) 전용 진정 제품과 보습 제품을 도포한다.

5 피부미용 몸매 제모하기 ❷ – 뒷목 및 등 왁싱

▶ 뒷목 및 등

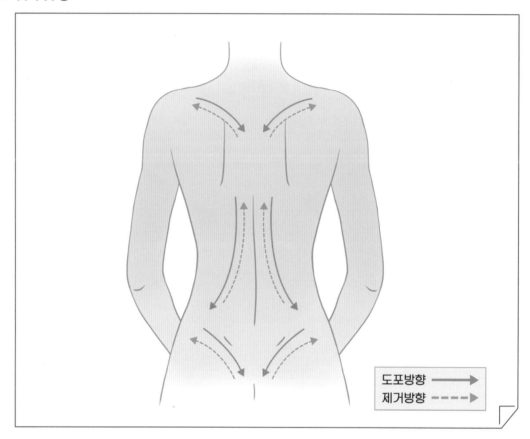

| 도포방향 | ——→ |
| 제거방향 | ---→ |

❶ 체모의 성장 방향

① 뒷목 부위의 체모는 헤어 라인을 따라 사선 방향 또는 가로 방향으로 성장하거나 특정한 모류를 중심으로 불규칙하게 분포되어 있다.

② 등 부위의 체모는 인체 중심을 향해 사선 방향 또는 가로 방향으로 성장하며 일부는 불규칙하게 분포되어 있다.

❷ 고객의 준비 및 적용 방향

① 뒷목 부위는 고객의 헤어가 흘러내리지 않도록 터번이나 헤어밴드 등을 이용하여 고정시키고 등받이가 관리 부위보다 높지 않은 의자에 앉게 하거나 테이블 위에서 고객이 이마에 손이나 쿠션을 받치고 엎드리게 한다.

② 뒷목과 등 부위를 함께 관리하는 경우에는 고객을 편안한 자세로 이마에 손이나 쿠션을 받치고 엎드리게 하거나 고객에게 측면을 바라보면서 얼굴에 쿠션을 받치고 고개를 살짝 숙이게 하여 목 부위의 피부 조직이 고정되도록 텐션을 유지한다. 고객의 인체 중심으로 체모의 밀도가 높아지므로 외측에서 내측으로 제거한다.

③ 왁스 제거 시, 체모의 아래에서 위 방향으로 반드시 관리 부위의 성장 반대 방향을 확인하여 성장 반대 방향으로 제거 방향을 조절한다. 왁스 제거 후에는 신속하게 진정 동작을 적용한다.

❸ 관리 권장 제형 : 하드 왁스

❹ 하드 왁스 관리 방법

① 일회용 위생 장갑을 착용한 후 뒷목 부위 체모의 길이를 조절한다.

② 왁스를 적용하기 전, 뒷목 부위에 스킨 클렌저를 사용하여 피부의 잔여물이나 노폐물을 위생적으로 정돈하고 유·수분을 제거한다.

③ 뒷목 부위에 소량의 천연 식물성 오일을 흡수시키고 마른 미용솜으로 잔여 오일을 닦아낸다.(일부 왁스는 오일을 적용하지 않아도 됨)

④ 적외선 온도계로 왁스 온도를 체크하거나 왁서의 안쪽 팔목에 온도 테스트를 한다.

⑤ 왁스 도포 및 제거 시 뒷목 부위의 피부 조직이 고정되도록 텐션을 유지한다.

⑥ 체모의 성장 방향을 확인하고 스파츌라를 이용하여 적당한 양의 왁스를 체모의 성장 방향으로 도포한다. 뒷목 부위의 좌우를 나누어서 적용한다.

⑦ 체모의 성장 반대 방향을 정확하게 확인하여 체모의 성장 반대 방향으로 조절하여 신속하게 제거 및 진정 동작을 적용한다.

⑧ 왁스 패치의 가장자리와 끝부분은 왁스를 제거할 때 찢어지거나 끊어지지 않도록 사용 제품의 권장 두께로 균일하게 도포한다.

⑨ 왁싱(Waxing) 전용 오일을 이용하여 피부의 왁스 잔여물을 제거한다.

⑩ 왁스로 제거되지 못한 체모는 트위져(족집게)를 사용하여 체모의 성장 방향으로 제거한다.

⑪ 트위져(족집게) 사용 시 해당 부위의 피부 텐션, 체모의 성장 방향으로 제거, 진정 동작이 모두 적용되어야 한다.

⑫ 왁싱(Waxing) 전용 진정 제품과 보습 제품을 도포한다.

6 피부미용 몸매 제모하기 ❸ – 여성 브라질리언 왁싱

▶ 여성 브라질리언 왁싱 ①

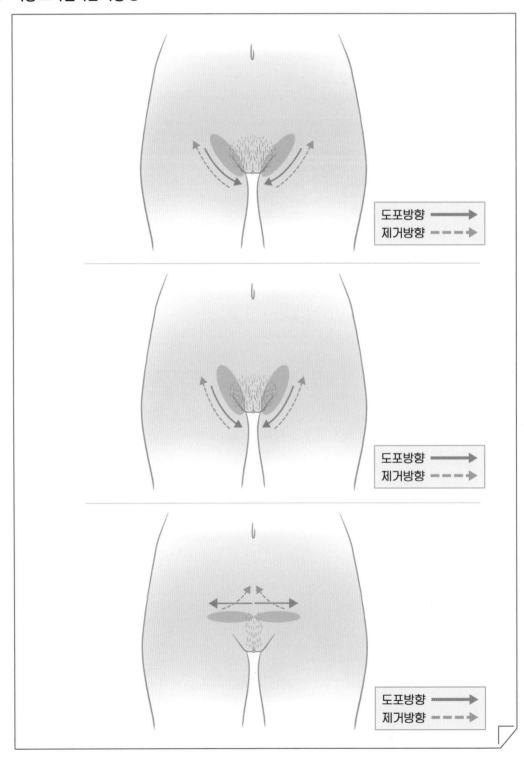

▶ 여성 브라질리언 왁싱 ②

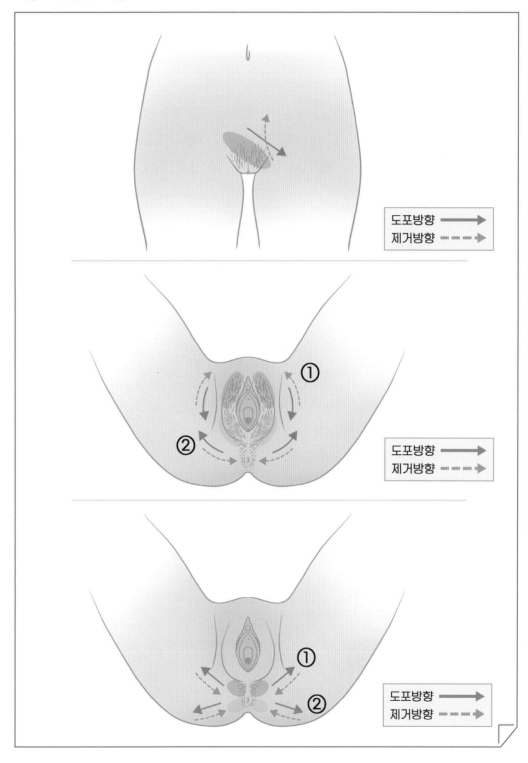

❶ 체모의 성장 방향

① 브라질리언 부위의 체모는 인체의 중심으로 음핵을 향해 위에서 아래 방향으로 사선 형태를 띠며 성장한다. 대음순 부위는 질입구 방향으로 불규칙하게 성장하며 항문 주위는 내측에서 외측으로 분포한다.

② 불두덩 부위의 체모는 위에서 아래 방향으로 인체의 중심을 향해 사선 방향 또는 가로 방향으로 성장하며 일부는 불규칙하게 분포되어 있다.

③ 대음순 부위는 질입구 방향으로 위에서 아래 방향 또는 아래에서 위 방향으로 불규칙하게 성장하며 항문 부위는 내측에서 외측 방향으로 불규칙하게 분포되어 있다.

❷ 고객의 준비 및 적용 방향

① 관리 전 위생을 위해 샤워 시설을 이용하거나 고객에게 위생 티슈를 제공한다. 일회용 속옷은 고객의 노출을 최소화하기 위해 제공되거나 비키니 부위 왁싱(Waxing) 고객에게 제공된다.

② 고객은 편안한 자세로 눕고 다리를 외측으로 하고 무릎을 굽혀 쿠션 등으로 받치고 피부 조직이 겹치지 않도록 텐션을 유지한다.

❸ 관리 권장 제형 : 하드 왁스, 슈가 왁스

❹ 하드 왁스 관리 방법

① 일회용 위생 장갑을 착용한 후 브라질리언 부위 체모의 길이를 조절한다.

② 왁스를 적용하기 전, 브라질리언 부위에 스킨 클렌저를 사용하여 피부의 잔여물이나 노폐물을 위생적으로 정돈하고 유·수분을 제거한다.

③ 브라질리언 부위에 소량의 천연 식물성 오일을 흡수시키고 마른 미용솜으로 잔여오일을 닦아낸다.(일부 왁스는 오일을 적용하지 않아도 됨)

④ 적외선 온도계로 왁스 온도를 체크하거나 왁서의 안쪽 팔목에 온도 테스트를 한다.

⑤ 왁스의 도포 및 제거 시 브라질리언 부위의 피부 조직이 고정되도록 텐션을 유지한다.

⑥ 체모의 성장 방향을 확인하고 스파츌라를 이용하여 적당한 양의 왁스를 체모의 성장 방향으로 도포한다.

⑦ 체모의 성장 반대 방향을 정확하게 확인하여 체모의 성장 반대 방향으로 조절하여 신속하게 제거 및 진정 동작을 적용한다. 불두덩, 음순, 항문 등의 부위를 좌우로 나누어서 적용한다.

⑧ 왁스 패치의 가장자리와 끝부분은 왁스를 제거할 때 찢어지거나 끊어지지 않도록 사용 제품의 권장 두께로 균일하게 도포한다.

⑨ 왁싱(Waxing) 전용 오일을 이용하여 피부의 왁스 잔여물을 제거한다.

⑩ 왁스로 제거되지 못한 체모는 트위져(족집게)를 사용하여 체모의 성장 방향으로 제거한다.

⑪ 트위져(족집게) 사용 시 해당 부위의 피부 텐션, 체모의 성장 방향으로 제거, 진정 동작이 모두 적용되어야 한다.

⑫ 왁싱(Waxing) 전용 진정 제품과 보습 제품을 도포한다.

▶ 여성 브라질리언 왁싱 ③

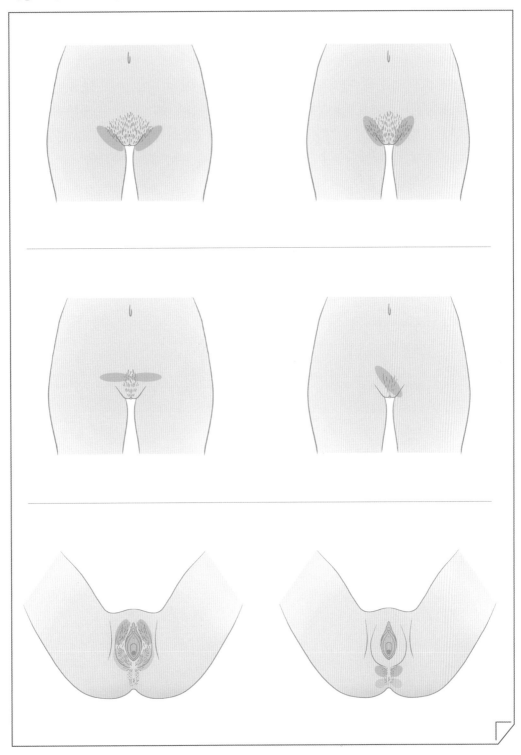

⑤ 슈가 왁스 관리 방법

① 일회용 위생 장갑을 착용한 후 브라질리언 부위 체모의 길이를 조절한다.

② 왁스를 적용하기 전, 브라질리언 부위에 스킨 클렌저를 사용하여 피부의 잔여물이나 노폐물을 위생적으로 정돈하고 유·수분을 제거한다.

③ 브라질리언 부위에 탈컴파우더를 체모의 성장 반대 방향과 성장 방향 모두에 도포한다.

④ 왁스의 도포 및 제거 시 브라질리언 부위의 피부 조직이 고정되도록 텐션을 유지한다.

⑤ 체모의 성장 방향을 확인하고 브라질리언 부위에 적당한 양의 슈가 왁스를 위생장갑을 착용한 손으로 잡아 손끝에 둥글게 모아 모발의 성장 반대 방향으로 밀착이 되도록 도포한다. 불두덩, 음순, 항문 등의 부위를 좌우로 나누어서 적용한다.

⑥ 체모의 성장 방향으로 탄력있게 링의 형태로 신속하게 제거한다.

⑦ 제거가 된 슈가 왁스는 다시 손끝에 둥글게 모아 1인 고객에 한해 여러 번 사용이 가능하다.

⑧ 친수성 스킨 클렌져를 이용하여 피부의 왁스 잔여물을 제거한다.

⑨ 왁스로 제거되지 못한 체모는 트위져(족집게)를 사용하여 체모의 성장 방향으로 제거한다.

⑩ 트위져(족집게) 사용 시 해당 부위의 피부 텐션, 체모의 성장 방향으로 제거, 진정 동작이 모두 적용되어야 한다.

⑪ 왁싱(Waxing) 전용 진정 제품과 보습 제품을 도포한다.

7 피부미용 몸매 제모하기 ❹ – 남성 브라질리언 왁싱

▶ 남성 브라질리언 왁싱 ①

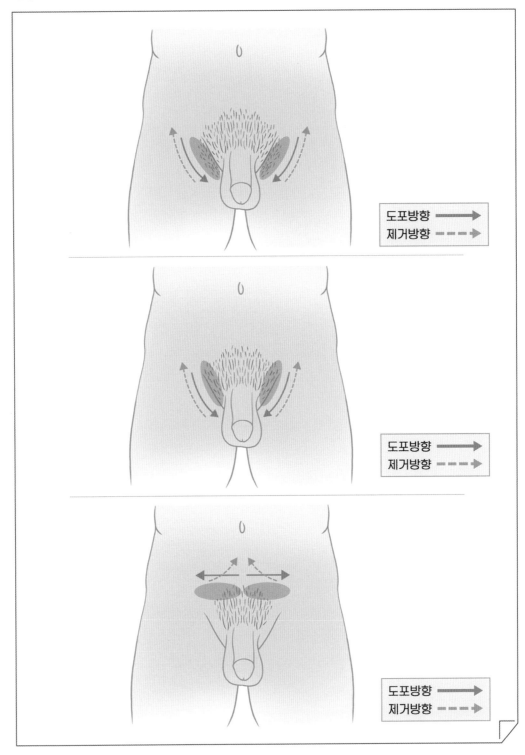

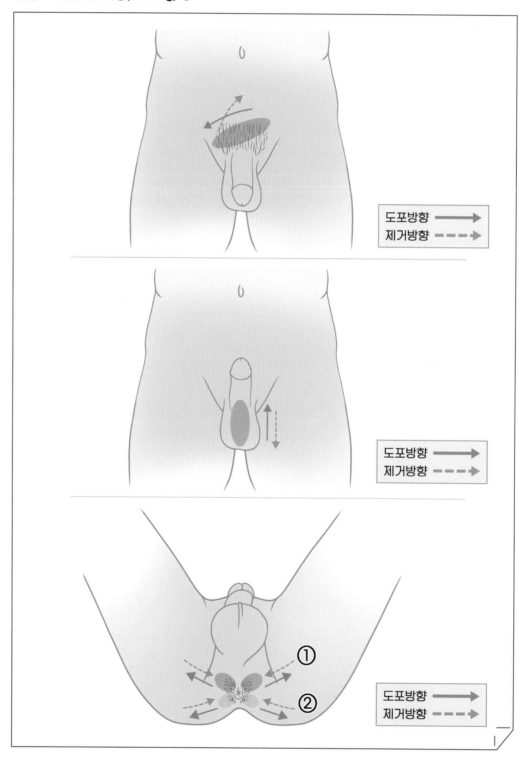

❶ 체모의 성장 방향

① 브라질리언 부위의 체모는 인체의 중심으로 귀두를 향해 위에서 아래 방향으로 사선 형태를 띠며 성장한다.

② 음낭 부위는 불규칙하게 음경을 중심으로 성장하며 항문 주위는 내측에서 외측으로 분포되어 있다.

❷ 고객의 준비 및 적용방향

① 관리 전 위생을 위해 샤워시설을 이용하거나 고객에게 위생 티슈를 제공한다.

② 고객은 편안한 자세로 눕고 다리를 외측으로 하고 무릎을 굽혀 쿠션 등으로 받치고 피부 조직이 겹치지 않도록 텐션을 유지한다.

③ 고객의 협조를 구해 음경을 관리 부위의 반대 방향으로 직접 고정할 수 있도록 안내한다.

❸ 관리 권장 제형 : 하드 왁스

❹ 하드 왁스 관리 방법

① 일회용 위생 장갑을 착용한 후 브라질리언 부위 체모의 길이를 조절한다.

② 왁스를 적용하기 전, 브라질리언 부위에 스킨 클렌저를 사용하여 피부의 잔여물이나 노폐물을 위생적으로 정돈하고 유·수분을 제거한다.

③ 브라질리언 부위에 소량의 천연 식물성 오일을 흡수시키고 마른 미용솜으로 잔여오일을 닦아낸다.(일부 왁스는 오일을 적용하지 않아도 됨)

④ 적외선 온도계로 왁스 온도를 체크하거나 왁서의 안쪽 팔목에 온도 테스트를 한다.

⑤ 왁스의 도포 및 제거 시 브라질리언 부위의 피부 조직이 고정되도록 텐션을 유지한다. 고객의 협조를 구해 음경을 관리 부위의 반대 방향으로 직접 고정할 수 있도록 안내한다.

⑥ 체모의 성장 방향을 확인하고 스파츌라를 이용하여 적당한 양의 왁스를 체모의 성장 방향으로 도포한다.

⑦ 체모의 성장 반대 방향을 정확하게 확인하여 체모의 성장 반대 방향으로 조절하여 신속하게 제거 및 진정 동작을 적용한다. 불두덩, 음낭, 항문 등의 부위를 좌우로 나누어서 적용한다.

⑧ 왁스 패치의 가장자리와 끝부분은 왁스를 제거할 때 찢어지거나 끊어지지 않도록 사용 제품의 권장 두께로 균일하게 도포한다.

⑨ 왁싱(Waxing) 전용 오일을 이용하여 피부의 왁스 잔여물을 제거한다.

⑩ 왁스로 제거되지 못한 체모는 트위져(족집게)를 사용하여 체모의 성장 방향으로 제거한다.

⑪ 트위져(족집게) 사용 시 해당 부위의 피부 텐션, 체모의 성장 방향으로 제거, 진정 동작이 모두 적용되어야 한다.

⑫ 왁싱(Waxing) 전용 진정 제품과 보습 제품을 도포한다.

▶ 남성 브라질리언 왁싱(Waxing) ③

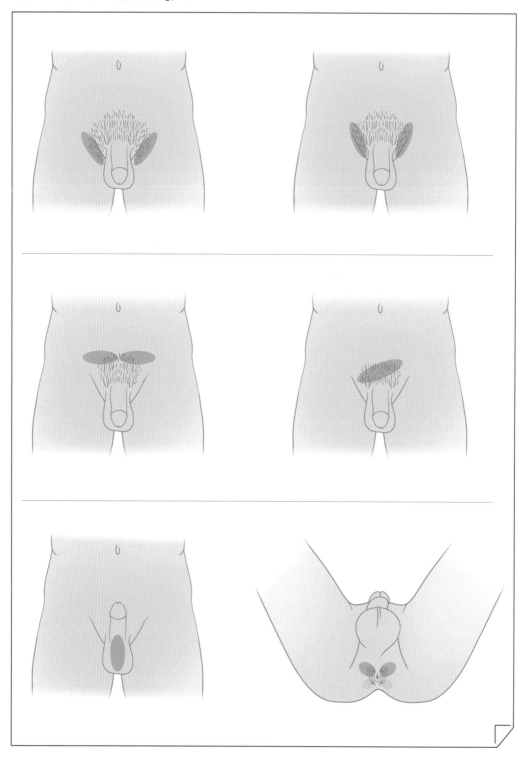

PART 03

왁싱숍 고객 상담

✚ 왁싱숍 고객상담 학습개요

학습목표	• 왁싱숍 고객의 접점 요소를 파악하고 매뉴얼을 적용할 수 있다. • 왁싱 관리 전 고객 관리 차트와 고객 동의서를 작성할 수 있다. • 왁싱 관리 후 고객에게 주의 사항과 홈케어 조언을 설명할 수 있다.
핵심용어	• 접점, 접점 매뉴얼, 고객 관리 차트, 고객 동의서, 주의 사항, 홈케어 조언

왁싱숍 접점(MOT)의 이해

학습목표

• 왁싱숍 고객의 접점을 이해하고 접점 요소를 파악할 수 있다.
• 전화 및 방문 상담 매뉴얼을 점검하고 적용할 수 있다.
• 관리 및 배웅 매뉴얼을 점검하고 적용할 수 있다.

1 왁싱숍 접점의 정의

접점(MOT ; Moment of Truth)이란 스웨덴의 학자 리차드 노먼이 처음 제시한 개념으로 비즈니스 및 고객 서비스 분야에서 고객이 직원이나 특정 자원과 접촉한 후 상호작용에서 서비스 품질에 대해 인식하는 순간을 말한다. 스페인의 투우 용어 'Moment De La Verdad'에서 유래되어 '진실의 순간' 또는 '결정적 순간'을 의미한다.

고객이 제품이나 서비스를 경험하거나 직원 등의 서비스 제공자에게 서비스를 제공 받을 때의 순간을 곧 '접점(MOT)'이라고 할 수 있다. 결국 접점(MOT)은 고객 경험이 긍정적 또는 부정적으로 평가되는 시점으로 접점에 대한 왁싱숍의 관심과 노력은 장기적으로 충성고객을 확보하는 데 결정적 영향을 미치게 된다.

2 왁싱숍 고객의 접점 요소

왁싱숍은 고객의 불필요한 체모를 위생적으로 안전하게 제거하고 아름답게 꾸미는 무형의 서비스가 대부분이다. 이러한 무형의 서비스는 전문가와 비전문가의 주관적인 성향이 반영되므로 제공되는 서비스 품질을 측정하기가 매우 어렵다.

그렇기 때문에 고객의 입장이 되어 처음부터 끝까지 접점의 동선을 고려해야 하고 고객이 무엇을 원하는지 정확하게 소통하며, 상황에 따라, 시대의 변화에 따라 변화될 수 있다는 것을 인식해야 한다. 다음은 서비스 품질을 체크할 수 있는 접점의 요소이다.

① Hard ware

왁싱숍 고객의 물리적인 환경 등이다. 예를 들면 간판을 보는 순간, 홈페이지 또는 숍을 방문을 하는 순간, 주차장이나 관련 시설을 접하는 순간, 왁싱(Waxing) 작업에 사용되는 물리적인 도구 및 공간을 접하는 순간 등이 있다. 아웃테리어 및 인테리어 등 그 접점의 순간에 좋은 시설이나 편리한 접근성도 중요하지만 무엇보다도 고객은 언제나 청결한 환경을 선호한다.

② Soft ware

왁싱숍의 고객이 접점하게 되는 정책, 절차 등의 관리 시스템 등이다. 예를 들면 무형의 서비스 또는 상품을 접촉하면서 예약 시스템, 고객 서비스 프로세스, 결제 시스템, 서비스 품질관리 등을 안내받는 순간, 업무를 처리하는 절차와 시간 및 비용 등을 인지하는 순간 등이 있다. 고객은 접점의 순간에 언제나 한결같이 신속하고 정확하게 합리적인 비용으로 서비스가 제공되는 것을 선호한다.

❸ Human ware

왁싱숍의 인적자원으로는 고객을 직접 대면하여 서비스를 제공하거나 상품을 판매하는 최일선의 왁싱(Waxing) 전문가, 서비스 제공자인 직원이다. 고객은 왁싱(Waxing) 서비스의 전문성이 있는 직원과 마주하는 순간 표정과 복장, 응대 태도 등에서 마음가짐을 알 수 있고 구매 여부 및 만족도를 결정할 수 있다. 고객과의 상호작용에서 휴먼웨어는 매우 중요하며 풍부한 경험과 전문성은 고객의 만족도에 영향을 미친다. 또한, 고객과의 의사소통 능력과 공감대 형성도 중요하다.

(1) 인사

고객과 눈을 마주치면 먼저 밝은 표정으로 TPO(Time, Place, Occasion)에 맞는 인사를 한다. 인사는 고객에게 나를 가장 빠르게 알릴 수 있으며 고객 마음의 문을 열 수 있는 친근함의 표시이다.

구분	내용
맞이 인사	고객의 눈을 바라보며 밝은 미소로 부드럽게 목례를 한다.
배웅 인사	출입문 앞까지 동행하는 것이 좋으며 고객의 시선이 벗어날 때까지 가능한 등을 돌리지 않는 것이 좋다.
정중히 양해 구할 때의 인사	고객의 미간을 바라보고 머리와 등은 일직선이 되도록 곧게 펴고 허리를 약간 굽히며 자연스레 시선을 바닥으로 이동하고 약 1초간 멈추었다가 천천히 일어서며 고객을 바라본다.

(2) 표정과 복장

고객이 다가오거나 시선이 마주치면 먼저 밝은 표정과 미소를 짓고 반갑게 맞이해야 한다. 단정하게 유니폼 등을 갖추어 입는 복장은 고객에게 왁싱(Waxing) 전문가로서의 신뢰감을 부여한다. 직원의 표정과 복장은 곧 그 왁싱숍의 얼굴이다.

(3) 태도

안내 시에는 두 손으로 갈 방향을 가리키며, 동행 안내는 고객의 1~2보 앞에서 사선 걸음으로 걷고 도중에 고객이 오고 있는지 확인한다. 고객을 바라보지 않고 대답하거나, 급하게 서두르거나 팔짱을 끼거나 짝다리, 하품, 잡담 등의 모습 등은 삼가야 한다.

(4) 의사소통 능력

의사소통 능력은 고객과의 대화에서 적극적 경청을 통해 지식과 정보 및 의견과 감정을 교환하는 능력으로 말하기와 듣기 모두 중요하다. 고객이 직접 이야기하기 힘든 불만 사항을 수용하려는 자세로 고객 만족도 설문지를 단답형으로 미리 만들어 고객의 공간에 비치해 두는 것이 좋다.

3 왁싱숍 고객의 접점 매뉴얼

접점 매뉴얼이 준비되어 있지 않은 왁싱숍이라면 평준화된 접점 매뉴얼을 점검해 볼 필요가 있다. 하지만 왁싱숍에서 고객을 만나는 접점 순간은 상황이나 고객의 성향에 따라 또는 접점 직원에 따라 조금씩 달라질 수 있다. 그러므로 왁싱숍만의 컨셉이나 차별화된 특징을 반영하여 접점 매뉴얼을 적용해 보는 것이 좋다.

❶ 전화 예절 매뉴얼

(1) 전화 받기

전화벨이 3번 울리기 전에 신속하게 전화를 받는다. 반가운 마음으로 밝은 목소리를 유지하며 인사말과 상호명 또는 인사를 한다. 고객 정보 확인이 필요할 때는 성함을 확인하여 사용하며 필요한 정보는 기록한다.

예 "감사합니다. ○○○입니다. ○○○님 어떻게 도와드릴까요?"

(2) 전화 종료 시

끝 인사말을 남기고 약 3초 가량 전화 연결이 종료되는 것을 대기한다. 수화기를 내려놓는 소리가 들리지 않도록 전화종료 버튼을 눌러 종료한다.

예 "감사합니다. 오늘도 행복한 하루 되십시오."

❷ 전화 예약 매뉴얼

(1) 신규 고객

① 신규 고객에게 적절한 관리 프로그램을 안내하며 관심을 표현하고 방문을 유도한다.

예 "○○왁싱(Waxing) 관리를 추천드리고 싶은데 프로그램에 대해 안내해 드릴까요?"

"네 ○○왁싱(Waxing) 관리입니다. 자세한 상담을 위해 잠시 방문하시는 건 어떠신가요?"

② 예약 의사를 문의한다.

예 "편하신 시간을 말씀해 주시면 예약을 도와 드리겠습니다."

"○시에 방문 하시면 대기없이 관리를 준비해 드릴 수 있는데 ○시 괜찮으십니까?"

③ 왁싱숍의 위치를 알고 있는지 확인한다. 모르고 있다면 위치를 안내한다.

예 "저희 왁싱숍의 위치를 알고 계십니까?" | "어느 교통편을 이용하십니까?"

④ 고객이 이동하는 교통편에 따른 위치와 주차방법 등을 안내한다.

예 "자가용 이용 시~입니다" | "대중교통 이용 시~입니다." | "도보 이용 시~입니다."

(2) 기존고객

① 기존 고객의 성함을 넣어서 안부 인사를 친근하게 건넨다.

예 "안녕하세요, ○○○고객님 잘 지내셨죠?"

② 기존 고객의 지난 관리에 관한 피드백에 귀를 기울이도록 한다.

　예 "지난 번 받으셨던 관리는 어떠셨어요?"

③ 예약을 원하는 시간을 확인하고 고객이 편리한 시간을 찾도록 노력하여 적절히 일정을 조율하여 예약을 진행한다.

　예 "편하신 시간을 말씀해 주시면 확인 후에 예약을 도와 드리겠습니다."

　　"○월 ○일 ○시에 예약되셨습니다, 그때 뵙겠습니다."

❸ 방문 및 상담 매뉴얼

(1) 고객 방문

① 밝은 표정으로 반갑게 고객을 맞이한다.

　예 "어서 오십시오. 저희 왁싱숍을 방문해 주셔서 감사합니다."

② 실내화를 신기 편한 방향으로 미리 꺼내 놓거나 꺼내 준다. 불가피한 경우, 고객이 꺼내어 신을 수 있도록 안내하거나 안내 문구를 잘 보이는 곳에 비치한다.

　예 "실내화로 갈아 신으시면 신발은 제가 잘 정리하겠습니다."

③ 대기 및 상담 장소를 두 손으로 방향을 제시하여 안내한다.

　예 "안쪽으로 안내해 드리겠습니다."

(2) 음료 제공

① 준비된 웰컴 티(Welcoming Tea)의 매뉴얼을 드리거나 종류를 안내하고 음료 의사를 확인한다.

　예 "저희 왁싱숍에 준비된 음료입니다. 무엇으로 준비해 드릴까요?"

　　"잠시만 기다리시면 ○○으로 준비해 드리겠습니다."

(3) 신규 고객 상담

① 신규 고객이 웰컴 티(Welcoming Tea)를 마시는 동안 관리 상담을 시작한다.

　예 "고객님 저희 뷰티숍에 처음 방문 하셨습니까?"

　　"방문해 주셔서 감사드립니다. 저는 ○○○(관리사, 실장, 원장)입니다."

② 신규 고객의 방문 목적을 확인하고 상담을 진행한다. 신규 관리 시 관리 절차, 소요 시간, 관리 비용, 유의 사항에 대해 안내한다.

　예 "오늘 특별히 원하시는 관리가 있으십니까?"

　　"○○프로그램의 소요시간은 ○○분이며 관리비용은 ○○원입니다. 오늘 관리 이후에도 꾸준한 ○○사후관리가 필요합니다.

③ 관리 결정 후 재확인하여 안내한다.

　예 "○○관리 준비하겠습니다. 기다리시는 동안에 고객 카드 작성 부탁드립니다."

④ 두 손으로 방향을 제시하여 탈의실 또는 관리실로 안내한다.

　예 "○○로 안내해 드리겠습니다.

(4) 기존고객 상담

① 기존 고객이 웰컴 티(Welcoming Tea)를 마시는 동안 예약을 확인하고 관리 상담을 시작한다.

   예 "고객님 저희 왁싱숍을 다시 방문해 주셔서 감사합니다."

     "예약 확인해 드리겠습니다. ○○고객님, ○○관리, ○시 예약 맞으시죠?"

② 기존 방문 고객이라도 신규 프로그램의 관리는 관리 절차, 소요 시간과 관리 비용, 유의 사항에 대해 안내한다.(신규 고객 참조)

③ 기존 고객이 차를 마시는 동안 관리 준비가 잘 되었는지 확인한다.

   예 "잠시 차를 드시고 계시는 동안 준비해 드리겠습니다."

④ 두 손으로 방향을 제시하여 탈의실 또는 관리실로 안내한다.

   예 "○○로 안내해 드리겠습니다."

(5) 예약 없이 방문

① 고객이 예약 없이 방문하였는데 고객의 대기가 필요한 경우 공손하게 양해를 구한다.

   예 "고객님 현재 먼저 예약하신 고객이 계셔서 ○분 정도 기다리셔야 하는데 괜찮으시겠습니까?"

구분	내용
기다리는 경우	관리 매뉴얼과 웰컴 티(Welcoming Tea)를 대접한다. 예 "잠시 차를 드시고 계시면 ○시에 관리 준비해 드리겠습니다."
재방문의 경우	"○시부터 ○시 사이 관리 가능하신데 예약 도와드릴까요?

② 신규 고객이 예약 없이 방문한 경우 공손하게 양해를 구하고 명함을 전달한다.

   예 "고객님 편하신 시간에 전화 주십시오."

❹ 관리 매뉴얼

(1) 준비안내

① 관리 부위에 따른 탈의실 또는 관리실을 안내한다.

   예 "고객님의 소지품과 착용하신 액세서리는 보관함에 잘 보관하시고 특별히 따로 보관을 원하시는 귀중품은 별도로 보관해 드리겠습니다."

② 관리 전 두 손으로 공손히 화장실 또는 샤워실의 위치를 안내하여 이용을 제안한다.

   예 "관리 전 화장실 또는 샤워실을 이용하시려면 이쪽으로 가시면 됩니다."

구분	내용
페이스 왁싱 관리 시	"겉옷을 가운으로 갈아입으시고 나오시면 안내 도와드리겠습니다."
브라질리언 및 바디 관리 시	"겉옷과 속옷을 모두 탈의하시고 일회용 속옷과 가운을 입고 나오시면 안내 도와드리겠습니다."

(2) 소개

① 자신을 간략하고 임팩트 있게 소개한다.

예 "반갑습니다. 저는 ○○○(관리사, 실장, 원장)입니다.

단, 대기 시 충분히 소개하였거나, 기존 고객은 이미 소개가 되었으므로 생략한다.

(3) 안내 및 불편 점검

① 관리 단계마다 진행되는 최소한의 과정을 간단히 안내한다. 불편함이 없는지 수시로 확인한다.

예 "○○관리를 하겠습니다." │ "○○관리를 위해 관리 부위를 오픈하겠습니다"

"뜨겁습니다. 혹은 따갑습니다" │ "혹시 불편한 곳은 없으십니까?"

② 만약 고객이 깊게 휴식을 취하는 경우에는 안내를 일부 생략한다.

(4) 마무리

① 마무리 시작을 알려준다.

예 "마무리를 시작하겠습니다."

② 실내화를 편하게 신을 수 있는 방향인지 확인한다. 그리고 두 손으로 방향을 제시하여 탈의실로 안내한다.

예 "옷 갈아입으시고 나오시면 됩니다."

❺ 결제 및 배웅 매뉴얼

① 엔딩 티(Ending Tea)를 대접하고 관리 수준에 만족했는지 여부를 물어본다.

예 "몸을 따듯하게 하고 혈액순환에 도움이 되는 허브티입니다. 오늘 관리는 편안하셨는지요?"

② 다음 관리 여부를 물어본다.

예 "다음 관리는 언제가 괜찮으신지요?"

③ 예약 일정표를 확인하고 예약이 가능하면 바로 기록한다.

예 "○월 ○일 ○시에 관리 예약을 도와드리겠습니다."

④ 결제를 안내한다. 두 손으로 공손하게 방향을 제시하여 안내한다.

예 "오늘 ○○관리의 관리비용은 ○○입니다. 결제 도와드릴까요?"

구분	내용
카드결제	"할부는 어떻게 도와 드릴까요?" "서명 부탁드립니다." "영수증입니다."
현금결제	"현금 영수증 필요하신지요?" "번호 입력 부탁드립니다." "서명 부탁드립니다."
횟수 멤버십 회원일 경우	"고객님, 오늘 ○회 멤버십 관리 중에 현재 ○회 관리 남으셨습니다."
금액 멤버십 회원일 경우	"고객님, 오늘 ○○원 관리가 차감되셔서 현재 ○○원 남으셨습니다."

Chapter 02 | 왁싱 후 고객 관리

학습목표

- 왁싱 관리 전 고객의 기본 정보를 고객 관리 차트에 작성할 수 있다.
- 왁싱 관리 전 고객에게 부적용 부위 및 금기 사항에 대한 정보를 제공하고 고객 동의서를 작성할 수 있다.
- 왁싱 관리 후 고객에게 주의 사항과 홈케어 조언을 설명할 수 있다.

1 왁싱 사전 체크

❶ 고객 관리 차트

왁싱(Waxing) 관리 전 고객 관리 차트는 고객 관리를 위한 기본 정보 기록과 다음 관리프로그램과 예약 일정을 결정하기 위한 자료로 필요하다.

❷ 고객 동의서

① 왁싱(Waxing)은 피부조직에 성장한 불필요한 체모의 모근까지 제거하는 관리이다. 체모의 모근은 피부의 진피 하부층에서 피하지방 상부층까지 깊숙이 자리 잡고 있어 왁싱(Waxing) 후 모유두가 일시적으로 열린 상처가 되고 모공 안에 혈액이 맺힐 수 있다는 것을 의미한다.

② 왁싱(Waxing) 관리 후 모공위로 혈액이 맺히는 것은 정상적인 피부반응인데 반해 고객은 피부반응에 대해 미리 설명을 듣지 않았다면 당황하거나 정상적인 피부반응이 아니라고 판단하여 불평 행동을 시작할 수 있다. 그러므로 왁싱(Waxing) 관리를 하기 전에 반드시 왁싱(Waxing) 후의 피부반응에 대한 충분한 안내가 필요하다.

③ 왁싱(Waxing) 관리 전 고객 동의서에서는 왁싱(Waxing) 후의 피부반응에 대한 내용과 왁싱(Waxing)을 적용하면 안 되는 부적용 부위 또는 금기 사항에 대해 기입하여 고객에게 부적용 부위 및 금기 사항에 대한 정보를 알리고 해당 여부를 확인할 수 있다.

❸ 왁싱 고객 동의서 서식 및 고객 관리 차트

WAXING CLIENT CONSULTATION SEET

Name(이름)   **Gender(성별)**

Date of Birth(생년월일)   **Contact Number(연락처)**

Occupation(직업)   **E-mail(이메일)**

Operation Parts

■ Face

   □ Forehead / 이마
   □ Eyebrow / 눈썹
   □ Lip & Chin / 입술 & 턱
   □ Hair Line / 헤어라인
   □ Full Face / 얼굴 전체

■ Bikini
   □ Bikini Line / 비키니
   □ French Bikini / 브라질리언 중급
   □ Brazilian / 브라질리언 올누드

■ Body

   □ Armpit / 겨드랑이
   □ Full Arm / 팔 전체
   □ Half Arm / 팔 하완
   □ Hands / 손
   □ Bosom / 가슴
   □ Abdomen / 배
   □ Back / 등
   □ Full leg / 다리 전체
   □ Half Leg / 다리 하완
   □ Foots / 발

■ 아래에 명시된 사항에 해당됨을 동의하십니까?

- 피부조직과 모발이 분리되는 과정에서 모근이 뽑히고 모유두가 파괴되면서 모공 위로 혈액이 맺히거나 피부조직이 경미하게 붓고 붉어질 수 있습니다.

■ 아래에 명시된 사항에 해당되지 않음을 동의하십니까?

- 최근 6개월 이내 병원을 방문하거나 수술 또는 시술을 받으신 적이 있습니다.
- 복용하고 있는 병원 처방약이 있습니다.
- 임신 가능성이 있거나 임신 중입니다.
- 혈액순환장애, 혈우병, 당뇨병, 간질 등의 질환이 있습니다.
- 레틴A, 레티놀, 아큐테인, 항생물질 등 여드름 치료제를 복용합니다.
- 최근 1개월 이내 레이저 필링, 보톡스, 필러 등의 시술을 받았습니다.
- 24시간 이내에 선 베드 등의 열관리 기구에 얼굴을 노출하였습니다.
- 아토피 및 켈로이드 피부 체질입니다.
- 얼굴에 열린 상처 또는 흉터가 있습니다.

CARONLAB   2024년   월   일

      서명 _____

      담당 _____

횟수	날짜	관리내용	담당	비고

2 왁싱 후 주의 사항

① 바디

(1) 왁싱 관리 당일

왁싱(Waxing) 관리 당일에는 모공이 열린 상태로 2차 감염에 주의해야 하며 24시간 이내 사우나, 수영, 땀을 흘리는 격한 운동은 피해야 한다. 관리 부위를 물리적으로 자극하거나 또는 바디 용품 등의 사용으로 자극하지 않도록 가볍게 흐르는 미온수의 샤워가 필요하다. 또한, 관리 부위에 타이트한 의류는 피하고 색소침착이 되지 않도록 자외선을 차단해 주는 것이 좋다.

(2) 왁싱 관리 2~7일 후

왁싱(Waxing) 전용 바디 워시를 사용하여 왁싱(Waxing) 관리 부위를 깨끗하고 청결하게 유지하고 왁싱(Waxing) 전용 바디 로션으로 수분을 공급해 준다. 관리 부위는 왁싱(Waxing)으로 인해 물리적인 자극을 받아 일시적으로 과각화될 수 있으므로 각질 관리가 매우 중요하다. 주 1~2회 살리실산 또는 천연 과일산 성분의 스프레이 솔루션, 왁싱(Waxing) 전용 스크럽 등으로 각질을 제거해 주면서, 건조해진 피부의 보습을 유지해야 한다. 각질 관리를 하지 못하는 경우 각질이 쌓이고 각질 안의 체모가 갇혀 인그로운 헤어가 발생하여 염증을 유발할 수 있다.

② 브라질리언

(1) 왁싱 관리 당일

왁싱(Waxing) 관리 당일에는 모공이 열린 상태로 2차 감염에 주의해야 한다. 24시간 내 사우나, 수영, 땀을 흘리는 격한 운동, 좌욕, 물리적인 마찰 등 손으로 만지는 접촉은 피해야 한다. 관리 부위를 자극하지 않도록 세정 용품 사용 대신 가볍게 흐르는 물 미온수의 샤워가 필요하며 왁싱(Waxing) 후 통풍이 잘 되는 면소재의 옷을 착용하는 것이 좋다.

(2) 왁싱 관리 2~7일 후

왁싱(Waxing) 관리 부위는 왁싱(Waxing)으로 인해 물리적인 자극을 받아 일시적으로 과각화될 수 있으므로 각질관리가 매우 중요하다. 주 1~2회 살리실산 또는 천연 과일산 성분의 크림 또는 스크럽을 이용하여 각질을 정돈하고, 수분 세럼 또는 식물성 천연 오일로 건조해진 피부의 보습을 유지해 준다. 각질 관리를 하지 못하는 경우 각질이 쌓이고 모공을 막아 인그로운 헤어가 발생하여 염증을 유발할 수 있다. 왁싱(Waxing) 전용 바디로션으로 건조해진 피부의 보습을 유지해야 한다.

③ 페이스 왁싱

(1) 왁싱 관리 당일

왁싱(Waxing) 관리 당일에는 모공이 열린 상태로 2차 감염에 주의해야 한다. 24시간 내 사우나, 수영, 땀을 흘리는 운동은 피해야 하고 색소침착이 되지 않도록 자외선을 차단해 준다. 세안은 왁싱(Waxing) 전용 클렌저를 이용해 부드럽게 사용하며 가급적 메이크업을 피하거나 포인트 메이크업

위주로 하는 것이 좋다.

(2) 왁싱 관리 2~7일 후

왁싱(Waxing) 관리 부위는 왁싱(Waxing)으로 인해 물리적인 자극을 받아 일시적으로 과각화될 수 있으므로 각질관리가 매우 중요하다. 주 1~2회 살리실산 또는 천연 과일산 성분의 크림, 스크럽 등을 이용하여 각질을 정돈하고, 수분 세럼 또는 식물성 천연 오일로 건조해진 피부의 보습을 유지해 준다. 각질 관리를 하지 못하는 경우 각질이 쌓이고 모공을 막아 인그로운 헤어가 발생하여 염증을 유발할 수 있다. 외출 시 자외선 차단제는 반드시 필수이다.

(3) 리터치 왁싱

체모의 길이가 최소 약 0.5cm 이상 성장하였을 때 재터치가 적절하여 새방문하는 시기라고 볼 수 있다. 체모의 성장 속도는 개인차가 있지만 일반적으로 약 4~6주 사이라고 볼 수 있다.

③ 왁싱 후 홈케어

① 범프이레이져 세럼(스프레이 타입)

• 제품설명

범프이레이져 세럼(스프레이 타입)은 천연 과일산 함유로 왁싱(Waxing) 후 피지선의 활동을 억제하며 트러블 및 모낭염을 최소화하고, 천연 과일산 성분이 각질을 녹여 인그로운 헤어를 개선하며 왁싱(Waxing) 후 자극 받은 피부에 보습을 제공한다.

• 홈케어 조언

왁싱(Waxing) 관리 후 2~3일 이후 부터 체모가 자라나는 시기까지 관리 부위에 사용이 가능합니다.

② 범프이레이져(크림 타입)

• 제품설명

범프이레이져(크림 타입)는 천연 고농축 티트리 오일, 살리실산 등의 함유로 항균 작용, 피부 트러블 개선에 탁월한 효과가 있다.

• 홈케어 조언

왁싱(Waxing) 관리 후 인그로운 헤어, 홍조현상, 가려움 발생 시 사용하며 샤워 후 물기가 마른 상태에서 관리 부위에 사용이 가능하다.

❸ 범프이레이져 트리플액션(로션타입)

• **제품설명**

범프이레이져 트리플액션(로션타입)은 천연 추출물 성분 함유로 왁싱(Waxing) 후 체모가 자라나는 주기를 지연시켜 주며, 인그로운 헤어 방지 효과가 있다. 또한, 새로 자라나는 체모를 얇게 자라나게 해주는 효과가 있어 왁싱(Waxing) 시술 시 통증을 완화시켜준다.

• **홈케어 조언**

왁싱(Waxing) 관리 후 2~3일 이후부터 관리 부위에 주기적으로 사용이 가능하다.

❹ 알로에 진정젤

• **제품설명**

알로에 진정젤은 왁싱(Waxing) 후 자극 받은 피부에 수분을 공급하고 피부 재생과 염증방지에도 도움을 줄 수 있다.

• **홈케어 조언**

자극 받은 피부에 수분을 공급하고 피부 재생과 염증방지를 위해 수분팩 대용으로 부드럽게 도포하여 흡수시킨다.

❺ 애프터 수딩 로션

• **제품설명**

애프터 수딩 로션은 왁싱(Waxing) 후 건조해진 피부에 보습을 주는 제품으로 유분보다는 수분함량이 높다. 피부 타입에 따라 티트리 성분은 지성피부 또는 여름철 사용을 추천하며 망고 & 위치하젤 성분은 건성피부 또는 겨울철 사용을 추천한다.

• **홈케어 조언**

샤워 직후 또는 피부가 건조해지기 전에 수시로 부드럽게 도포한다.

④ 왁싱 후 다음 예약 일정 안내

고객의 체모가 최소 0.5cm 정도 성장을 해야 리터치 왁싱(Waxing)이 가능하다. 고객의 체모 성장 속도는 고객의 호르몬 상태, 영양 상태 등 여러 가지 요인으로 개인차가 있고 시기가 다르다. 일반적으로 대부분 약 4~6주 사이 후가 리터치하기 적합한 시기이며 고객이 왁싱숍을 떠나기 전 미리 재방문 일정을 예약하거나 약 4~6주 사이의 시기에 재방문 안내 문자 등을 보내 고객이 잊지 않고 방문할 수 있도록 한다.

PART 04

왁싱 리테일 매니지먼트 및 왁싱숍 고객만족·불만족

✚ 왁싱숍 리테일 매니지먼트 및 고객관리 학습개요

학습목표	• 왁싱 화장품과 왁스의 종류와 특성을 구분하고 적용할 수 있다. • 왁싱 관리 전·후 발생할 수 있는 상황을 고객에게 충분히 설명할 수 있다. • 왁싱숍 불만족 고객의 특성을 파악하고 불평 행동에 적극적으로 대처할 수 있다.
핵심용어	• 왁싱 화장품, 왁스, 왁싱 프로그램, 만족·불만족, 불평 행동

왁싱 리테일(점판) 매니지먼트

학습목표

• 왁싱 화장품의 종류와 특성을 구분하고 적용할 수 있다.

• 왁스의 종류와 특성을 구분하고 적용할 수 있다.

• 왁싱숍의 세일즈 전략에 따른 왁싱 프로그램을 제안할 수 있다.

• 왁싱 관리 전·후 발생할 수 있는 상황을 고객에게 충분히 설명할 수 있다.

1 왁싱 화장품의 종류와 특성

❶ 스킨 클렌저

왁싱(Waxing) 관리 전 사용하는 스킨 클렌저로서 관리 부위의 메이크업 및 각종 크림, 바디오일 등의 잔여물을 깨끗이 제거하고 관리에 적합하게 피부를 정돈해 준다.

❷ 애프터 왁스 오일

왁싱(Waxing) 관리 후의 왁스 잔여물을 제거해 주고 피부를 진정시키고 피부에 유연성을 제공해 준다. 왁싱 관리 후 고객의 피부를 안정된 상태로 유지해 준다.

❸ 퀵 드라이 미스트

왁싱(Waxing) 관리 중, 하드 왁스를 순식간에 굳게 해 주는 제품이다. 덥고 습한 환경에서도 빠르고 신속하게 관리할 수 있다. 홍조 현상을 줄여주고 피부에 직접 닿아도 자극이 없고 편안함을 유지시켜 준다.

❹ 알로에베라 진정젤

왁싱(Waxing) 관리 후 자극 받은 피부에 수분을 공급한다. 친수성으로 왁싱(Waxing) 후 피부를 보호하고 촉촉함을 유지하여 진정 관리 시 팩 대용으로 사용한다.

❺ 애프터 수딩 로션

왁싱(Waxing) 관리 후 건조해진 피부에 보습을 주는 제품으로 유분보다는 수분함량이 높다. 피부 타입에 따라 티트리 성분은 지성피부 또는 여름철 사용을 추천하고, 망고 & 위치하젤 성분은 건성피부 또는 겨울철 사용을 추천한다.

❻ 스파 스크럽

왁싱(Waxing) 관리 후 인그로운 헤어를 방지하기 위해 각질제거 트리트먼트제로 사용된다. 각질 제거뿐만 아니라 클렌징, 피부 보습의 효과가 있다. 티모시 허브와 만다린을 블렌딩하여 시원하고 상쾌함을 유지할 수 있다.

❼ 왁스 리무버

왁스 도구 및 기구에 왁스가 묻었을 때 닦는 왁스 리무버로 잘 지워지지 않는 왁스는 미용솜에 충분히 도포하여 약 1~2분 동안 적셔 두었다가 닦아낸다. 위생 장갑을 착용하여 사용하며 피부에 닿지 않도록 반드시 주의하여 사용한다.

⑧ 범프이레이져

(1) 세럼 타입

천연 과일산 함유로 왁싱(Waxing) 관리 후 피지선의 활동을 억제하며 트러블 및 모낭염을 방지하고 천연 과일산 성분이 케라틴 단백질의 각질을 녹여 인그로운 헤어를 예방한다.

(2) 크림 타입

천연 고농축 솔루션으로 피부자극이나 홍조현상을 감소시킬 수 있다. 티트리오일, 실리실산, 트리클로산 및 비타민 A의 합류로 항균 작용과 피부의 재생을 촉진시켜준다.

(3) 로션 타입

왁싱(Waxing) 전 체모가 자라나는 주기를 지연시켜 주며 왁싱 후 인그로운 헤어 방지효과가 있다. 또한 새로 자라나는 체모를 얇게 성장하게 해 주어 다음 관리 시에 통증을 완화시켜 준다.

2 왁스의 종류와 특성

1 하드 왁스

하드 왁스는 국소부위 또는 예민 부위에 적용하며 굳어진 왁스 자체를 떼어 체모를 제거하는 왁스이다. 관리 부위별, 피부 타입별, 체모 타입별, 계절별, 성분별, 왁스 제형별 여러 가지 종류로 나뉘며 관리 부위에 적합한 왁스를 선택하여 미리 사용하기 적합하게 왁스 워머기에 가열하여 사용한다.

(1) 스트로베리 하드 왁스

부드럽고 유연한 점성으로 페이스와 브라질리언 등 민감하고 예민한 부위에 주로 사용된다. 이산화티타늄의 함유로 홍조현상과 통증을 최소화한다.

(2) 브릴리언스 하드 왁스

민감한 피부 타입으로 브라질리언 관리 시 주로 사용된다. 유연하고 부드러운 점성과 낮은 온도점으로 피부 자극을 최소화하는 저온 왁스이다. ACA 'FAVORITR SENSITIVE WAX' 제품으로 뷰티 전문가들이 선정된 바 있다.

(3) 비바아주어 하드 왁스

강력하고 유연한 제모용으로 페이스와 브라질리언 관리 시 주로 사용된다. 아줄렌과 Mica 함유로 피부를 빠르게 진정시키고 회복한다.

❷ 비즈 왁스

비즈 왁스는 하드 왁스를 기반으로 작은 비즈(구슬) 제형으로 부드럽고 유연한 점성과 강한 밀착력
이 특징이다. 작은 비즈(구슬) 제형으로 모든 워머기 타입에 사용이 가능한 편의성이 있다. 또한 하
드 왁스에 비해 더욱 부드러운 하드 인 소프트(Hard in soft) 제형이 있고, 하드처럼 굳어진 왁스 자
체를 떼어 체모를 제거하는 하드 왁스 방법과 스트립을 밀착하여 제거하는 스트립 왁스 방법, 두가
지 방법이 모두 가능한 하드 앤 소프트 (Hard & Soft) 제형이 있다.

(1) 하드 인 소프트(Hard in soft) 브라질리언트 필름왁스

하드 왁스와 스트립 왁스를 접목시킨 2 in 1 왁스로 스트립 왁스처럼
얇고 넓게 사용이 가능하다. 신축성이 좋아 신체의 모든 부위에 사용
이 가능하다.

(2) 하드 앤 소프트(Hard & soft) 브로우바도 젤 비즈 왁스

디자인 왁싱(Waxing)에 최적화되어 사용 온도에 따라 하드 왁스와
스트립 왁스 방법 모두 사용이 가능하다.

(3) 비건 왁스(프로HD 비즈왁스)

Vegan Friendly로 만들어진 프로 HD는 무색소 무향으로 국소 부
위, 바디, 브라질리언 관리 시 사용된다. 전성분을 최소화하여 알레르
기 반응에 대한 안전성을 보완하였고, 국소 부위부터 넓은 부위까지
사용이 가능하다.

③ 스트립 왁스

넓은 부위에 묽은 제형의 왁스를 얇고 균일하게 도포하여 한 번만 적용하며 스트립 천을 이용하여 체모를 제거하는 왁스이다. 피부 타입별, 계절별, 성분별 여러 가지 종류로 나뉘며 관리 부위에 적합한 왁스를 선택하여 미리 사용하기 적합하게 왁스 워머기에 가열하여 사용한다.

(1) 퓨어올리브 스트립 왁스

올리브 오일이 함유되어 항산화 작용과 피부에 보습을 공급하여 피부를 보호한다. 비타민 A와 비타민 E 함유로 탄력 있는 피부를 유지하며, 얇은 발림성으로 경제적이고 이물질이나 잔여물이 피부에 남지 않는다.

(2) 로맨스 스트립 왁스

장미 에센스를 함유한 왁스 타입으로 특유의 부드러움을 가지고 있으며, 민감한 피부에 가장 적합한 왁스이다.

(3) 프로 HD 스트립 왁스

Vegan Friendly로 만들어진 프로 HD는 무색소 무향으로 알레르기 반응에 대한 안전성을 보완하였다. 가볍고 투명한 점성으로 피부에 얇게 도포가 가능하고 불필요한 제모력을 줄여서 피부자극을 최소화하였다.

④ 슈가 왁스

100% 천연성분의 친수성 왁스이며 피부온도 36.5℃와 약 1℃ 이내의 저온 왁스이다. 뜨거운 온도에 민감하거나 임신부의 피부에도 사용이 가능하고 손으로 직접 도포하여 여러 번 사용함으로 재료비를 절감할 수 있다. 친수성이므로 다양한 종류의 스틱으로도 사용이 가능하다.

(1) 슈가 왁스 펌(초보자용)

100% 천연성분의 친수성 왁스이며 페이스 및 브라질리언에 사용이 가능하다.

(2) 슈가 왁스 소프트(숙련자용)

100% 천연성분의 친수성 왁스이며 바디 및 넓은 부위에 사용이 가능하다.

3 왁싱숍의 세일즈 전략

왁싱숍의 세일즈 전략은 고객을 유치하고 유지하며, 매출을 극대화하는 데에 중요한 역할을 한다. 다음은 왁싱숍의 세일즈 전략이다.

구분	내용
파격적인 프로모션 및 할인	일정 기간 동안 할인 혜택이나 이벤트를 통해 신규 고객을 유치하고, 기존 고객들에게는 특별한 혜택을 제공하여 충성도를 높일 수 있다.
시즌별 패키지 및 이벤트	계절에 따라 특별한 패키지를 제공하거나 이벤트를 진행하여 특정 기간 동안 매출을 증가시킬 수 있다.
고객 리워드 프로그램	고객들에게 매회 방문 시 일정 금액을 적립하고, 적립된 포인트로 할인 또는 무료 서비스를 제공하는 리워드 프로그램을 도입하여 충성도를 높일 수 있다.
소셜미디어 마케팅 활용	왁싱숍의 소셜미디어 플랫폼을 통해 특별한 할인 정보나 이벤트 소식을 공유하여 고객들과 소통하고 새로운 고객을 유치하는 데 활용할 수 있다.
선물 카드 및 상품권 판매	선물 카드나 상품권을 판매하여 고객이 친구나 가족에게 선물로 활용할 수 있도록 유도할 수 있다.
파트너십 협력	지역의 다른 뷰티 서비스나 상점과 협력하여 상호 간에 고객을 공유하거나 혜택을 제공하는 등의 협업을 통해 매출을 증가시킬 수 있다.
고객 경험 향상	품질 좋은 서비스와 함께 고객 경험을 향상시키는 노력을 기울이면, 고객들이 더 많은 서비스를 이용하고, 추천할 가능성이 높아진다.

4 왁싱 프로그램 제안 Up- Selling

① 고객과의 상담을 통해 고객이 아름답게 개선되어야 할 관리 부위의 문제를 인식할 수 있도록 제안해야 한다. 하지만 방문한 고객은 변화가 필요한 관리 부위의 전문가 평가나 의견을 듣기보다는 그에 상응하는 대가를 치르고 개선하려고 온 것이기 때문에 직설적인 표현보다는 우회적인 제안이 매우 중요하다.

② 개선되어야 할 부위의 문제와 함께 그 문제의 개선을 제시하고 왁싱(Waxing) 프로그램 Up-Selling을 함께 제안한다. 물론 그 제안을 고객이 거절할 수도 있다. 하지만 고객을 아름답게 만드는 전문가로서 고객경험을 향상시키는 동기부여가 될 수 있고 추가적인 서비스나 상품을 제안하여 매출을 증가시킬 수 있다.

③ Up-Selling은 적절한 타이밍에 제안되어야 하며 고객이 추가적인 가치를 느끼면서 동시에 부가가치 창출에 도움이 될 수 있도록 계획을 세우는 것이 중요하다.

다음은 왁싱숍의 Up-Selling 공식이다.

> **문제(진단) + 개선 제시 + UP**

④ 왁싱(Waxing)은 불필요한 체모를 제거하여 고객과 함께 육안으로 즉각적인 효과를 확인할 수 있다. 문제(진단)는 '문제 인식 공식'과 '문제 예측 공식'으로 분류할 수 있다.

⑤ '문제 인식 공식'은 이미 육안으로 보이는 왁싱(Waxing) 관리 중의 상황을 부드럽게 표현하는 방법으로 고객에게 아름답게 개선되어야 할 부위를 제안하는 방식이다.

⑥ '문제 예측 공식'은 왁싱(Waxing) 관리 후의 상황을 미리 예측하여 표현하는 방법으로 왁싱(Waxing) 관리 후의 상황을 신중하게 고려하여 제안하는 방식이다.

【문제 인식 공식 예시 ❶】

구분	내용
문제 인식	눈썹과 인중 부위에 왁싱(Waxing)을 하고 난뒤에 얼굴에 미세한 체모가 연결되어 그 경계가 눈에 보일 수 있다.
개선 제시(대안 제시)	이마와 코, 볼 부위까지 관리가 들어가는 풀 페이스 왁싱(Waxing) 관리를 받으시면 미세한 체모가 연결된 경계가 제거되며 피부톤이 환하고 균일해진다.
Up-Selling	풀페이스 왁싱(Waxing)으로 관리 범위를 넓혀 드릴까요?

【문제 인식 공식 예시 ❷】

구분	내용
문제 인식	풀페이스 왁싱(Waxing)을 통해 피부 조직 안의 모근까지 모두 제거가 되어 모공이 피부 깊숙한 부위까지 열려 있는 상태이다.
해결 제시	콜라겐이나 히아루론산 앰플이 평소보다 피부 깊숙이 흡수되어 주름개선과 피부 보습에 시너지 효과가 있다.
Up-Selling	콜라겐 앰플이나 히알루론산 앰플을 마스크와 함께 올려드릴까요?

【 문제 예측 공식 예시 ❶ 】

구분	설명
예측 및 해결제시	비키니 부위에서 브라질리언 왁싱(Waxing) 관리 범위의 체모를 제거하면 여성질환이 생길 확률도 환경적으로 훨씬 낮아진다. 그리고 유아기 때 부드러운 피부결을 다시 느낄 수 있어서 고객님들의 만족도가 높다.
Up-Selling	관리 단계를 한 단계 높여 드릴까요?

【 문제 예측 공식 예시 ❷ 】

구분	설명
예측 및 해결제시	중급 브라질리언 왁싱(Waxing) 부위가 다소 굵거나 뻣뻣하다는 느낌이 들면 모질 개선 프로그램을 통해 부드럽고 연약한 체모가 다시 성장할 수 있다.
Up-Selling	전체 모질 개선 프로그램을 적용해 드릴까요?

【 문제 예측 공식 예시 ❸ 】

구분	설명
예측 및 해결제시	팔과 다리 왁싱(Waxing)을 팔꿈치와 무릎까지만 적용했는데 민소매와 핫팬츠 또는 비키니 수영복을 착용할 계획이면 추가 왁싱(Waxing)을 고려해야 할 수도 있다.
Up-Selling	민소매와 핫팬츠를 착용하신다면 팔과 다리의 윗부분까지 완벽하게 도와 드릴까요?

5 왁싱숍의 자가 관리 조언

❶ 왁싱 관리 전 안내

왁싱(Waxing) 관리 전에는 충분히 안내를 해야 하는 몇 가지 사항들이 있다. 체모의 모근까지 제거가 되는 과정에 모공위로 혈액이 맺힐 수 있고 일시적으로 붉게 부어오르는 현상은 물리적인 정상 반응이다. 그러므로 왁싱(Waxing) 관리 전, 특히 처음 왁싱(Waxing)을 시도하는 고객에게는 관리 후에 나타날 수 있는 피부 반응을 안내해야 한다.

❷ 왁싱 관리 후 안내

왁싱(Waxing) 관리 후에는 왁싱(Waxing) 전문가의 일방적인 역할이 아닌 고객과 함께 쌍방향으로 상호작용이 이루어져야 한다. 왁싱(Waxing) 전문가의 역할과 왁싱(Waxing) 관리 후 고객 스스로 주의 및 관리해야 하는 고객의 협조 등의 역할은 반드시 필요하다.

예를 들어 왁싱(Waxing) 전문가가 아무리 위생적으로 아름답게 관리를 해주었다고 해도 고객이 집으로 돌아가서 주의 사항을 지키지 않거나 유지 관리를 하지 못하면 왁싱(Waxing) 후 피부에 문제가 발생할 수 있기 때문이다. 물론 고객의 자가 관리는 고객 스스로 간편하게 할 수 있어야 하며 왁싱(Waxing) 전문가의 어려운 전문성이 요구되지 않아야 한다.

구분	설명
왁싱 전문가의 역할	고객의 요청에 따라 불필요한 체모를 제거하고 남겨야 하는 체모의 형태를 디자인한다. 고객의 이미지에 맞추어 디자인 형태를 제안할 수도 있다. 또한 굵거나 뻣뻣한 모발은 모질 개선 관리를 적용할 수 있다. 이러한 과정은 전문적 지식을 기반으로 하는 왁싱(Waxing) 전문가의 전문성이 요구된다.
고객의 역할	왁싱(Waxing) 관리 후 피부조직과 체모가 분리되면서 피부 조직에 경미하게 열린 상처가 남기 때문에 관리 부위를 위생적으로 유지하는 등의 자가 관리의 협조가 필수이다. 또한, 피부가 일시적으로 과각화 현상이 발생할 수 있어서 각질제거와 보습관리 등이 중요하다.

❸ 왁싱(Waxing) 숍의 자가 관리 제품 세일즈 공식

필요성 + 효과 + 사용법

(1) 범프이레이져(스프레이 타입)

- **제품설명**

  왁싱(Waxing)후, 피부가 일시적으로 각질을 많이 만들고 새로 성장한 체모가 모공 안에 갇혀 피부 밖으로 나오게 하기 위해 필요하다.

- **효과**

  각질제거와 보습효과가 동시에 되어서 트러블을 개선하는 데 도움이 된다.

- **사용법**

  바디용으로 일주일에 2~3번 간편하게 뿌려서 사용하면 된다. 휴대하기 쉬운 고객용이 안내 데스크에 준비되어 있다.

※ **인그로운 헤어(Ingrown Hair)** : 왁싱(Waxing) 관리로 인한 물리적 자극으로 피부가 일시적으로 과각화가 된다. 그로 인해 다시 성장(재생)하는 모발이 모공 안에 갇히는 현상이다.

(2) 범프이레이져 메디페이스트(크림 타입)

- **제품설명**

  왁싱(Waxing)의 피부 자극과 붉음증을 감소시키기 위해 필요하다.

- **효과**

  티트리 오일과 비타민 A가 함유되어 트러블을 개선하는 데 도움이 된다.

- **사용법**

  일주일에 2~3번 얼굴 국소부위에 가볍게 바르고 자면 된다. 작은 사이즈이지만 오래 사용할 수 있다.

(3) 범프이레이져 트리플 액션(로션 타입)

● **제품설명**

왁싱(Waxing) 후에 인그로운 헤어 관리 및 모질 개선 효과가 있는 제품이다.

● **효과**

체모의 성장을 지연시켜 주고, 얇게 자라나게 하는 효과가 있어서, 추후 관리 시 통증 완화에도 도움이 된다.

● **사용법**

왁싱(Waxing)후 2~3일 이후부터 관리 부위에 가볍게 바르고, 모가 자라난 이후에도 지속적으로 관리해 주면 된다.

(4) 왁싱 전용 수딩 로션

● **제품설명**

티트리 성분이 들어간 로션은 지성 피부에, 위치하젤 성분이 들어간 로션은 건성 피부에, 왁싱(Waxing)후 보습과 영양 공급이 필요하다.

● **효과**

왁싱(Waxing)후 민감해진 피부 진정에 도움이 되고 피부 보호막을 형성하여 외부로부터 피부를 보호한다.

● **사용법**

왁싱(Waxing) 직후부터 하루 2번 깨끗하게 손을 씻고 전신에 사용할 수 있도록 한다.

(5) 스파 스크럽

● **제품설명**

왁싱(Waxing)후, 인그로운 헤어 방지와 각질을 제거하기 위해 필요하다.

● **효과**

인그로운 헤어 예방과 보습을 통해 피부를 보호한다.

● **사용법**

젖은 피부에 부드럽게 러빙하여 흐르는 물로 샤워하면 된다.

- 왁싱숍의 고객 만족과 불만족의 개념을 이해할 수 있다.
- 왁싱숍 불만족 고객의 특성을 파악하고 불평행동에 적극적으로 대처할 수 있다.

1 만족과 불만족의 개념

① 만족

(1) 고객 만족

① '고객 만족'이란 제품과 서비스를 통해 고객의 기대 수준을 충족시켜 주는 것이다. 고객의 사회적, 심리적, 물질적 기대 수준을 만족시키고, 고객의 지속적인 재구매와 꾸준한 커뮤니케이션 사이클을 고객 만족이라 할 수 있다. 순간의 만족으로는 고객 만족을 설명하기에 부족하며 지속성이 결합될 때 비로소 고객 만족이 형성된다.

② 고객 만족은 소비자 개개인마다 주관적 개념이기 때문에 모든 고객에게 동일하게 적용되는 개념이 아니다. 동일한 서비스를 제공하더라도 사람마다 기대 수준이나 과거 서비스 구매 경험이 다르기 때문에 어떤 고객은 만족했지만 또 다른 고객은 만족하지 않을 수 있다.

③ 고객은 제품이나 서비스를 제공 받을 때 자신이 생각했던 기대 수준과 비슷하거나 더 나은 혜택 또는 가치를 제공받았다고 인식할 때 만족감을 느끼게 된다. 그리고 기대 수준 이하의 가치를 인식했을 때는 불만족을 경험하게 되는 것이다.

④ 고객 만족 수준이 상승된다고 반드시 고객 충성도 향상으로 이어지는 것은 아니지만 장기적으로는 고객 충성도 향상에 긍정적 영향을 미친다. 고객 만족이 반복되고 지속되면 고객 충성도 향상이 뚜렷해진다. 그리고 고객 충성도 향상은 가격에 대한 소비자 민감도를 감소시킨다.

⑤ 가격 민감도가 감소된다는 의미는 소비자들이 제품이나 서비스를 구매할 때 가격적인 요인에 크게 영향을 받지 않는다는 것을 말한다. 그리고 가격이 상승하더라도 구매 결정에 크게 좌우되지 않는다는 것이다.

⑥ 고객 충성도가 형성되면 긍정적 구전 효과를 기대할 수 있다. 이를 통해 미래의 신규 고객 유치 비용이 감소될 수 있고, 기업의 평판이나 이미지를 높일 수 있다. 결국 기업의 매출이나 수익향상에 긍정적 역할을 하게 된다. 고객 충성도 형성은 이와 같은 긍정적 효과를 발생시키며 그 시작은 고객 만족이다.

【 왁싱 고객의 충성도 향상 TIP 】

구분	내용
고객 서비스 향상	친절하고 전문적인 서비스를 제공하여 고객이 편안하게 느낄 수 있도록 하고 고객의 요구에는 신속하게 대응하고, 문제가 발생했을 때는 적극적으로 해결하는 태도를 유지한다.
프로모션 및 이벤트	시즌마다 특별한 프로모션이나 이벤트로 고객들에게 새로운 경험을 제공한다. 이는 고객들의 흥미를 유발하고 새로운 고객을 유치하는 데 도움이 된다.
소셜 미디어 활용	소셜 미디어를 효과적으로 활용하여 고객들과 소통한다. 특별한 이벤트, 할인 정보 등을 공유하고, 소셜 미디어를 통해 피드백을 받고 응답함으로써 고객과의 상호작용을 증가시킬 수 있다.
개인화된 서비스	고객의 선호도와 요구에 맞춘 개인화된 서비스를 제공한다. 이전에 받은 서비스에 대한 기록을 유지하고, 고객의 이름을 기억하며 생일이나 기념일에 할인 혜택을 주고, 정기적인 방문에 대한 프로그램을 도입한다. 제품이나 서비스에 대한 교육을 제공하고 관련 정보를 적극적으로 공유하여 고객이 제품이나 서비스에 대해 더 잘 이해할 수 있도록 한다.
피드백 수집 및 개선	고객의 의견을 적극적으로 수용하고, 서비스나 시설에 대한 피드백을 정기적으로 확인하여 고객들이 자신의 의견이 소중하게 여겨지고 있다고 느낄 수 있도록 개선하고 반영한다.

(2) 왁싱숍의 경우 고객 만족

① 왁싱숍의 경우 고객 만족은 개인화된 품질에 의존하는 경우가 많다. 즉, 동일한 서비스를 제공하더라도 고객 개개인마다 만족의 수준이 달라질 수 있다. 특히, 개인화된 서비스 품질은 변화의 폭이 크게 나타나는 특징으로 왁싱숍은 단순히 서비스 자체로 고객 만족을 향상시키거나 유지시키는 데 한계가 있다.

② 왁싱(Waxing) 서비스는 서비스 제공자인 직원과 고객과의 상호작용이 중요하다. 동일한 장소에서 서비스를 받더라도 서비스 제공자가 누군지에 따라 고객이 지각하는 서비스 품질이 달라질 수 있음을 의미한다. 결국 고객 만족과 관련된 교육이 필요하다.

③ 왁싱(Waxing) 서비스는 일반적인 내구재 상품(가전 및 가구) 등의 상품보다 구매 사이클이 짧기 때문에 고객 만족의 변화가 단시간에 나타날 수 있다. 즉, 고객의 구매 전환(다른 왁싱숍으로 전환)으로 인해 매출이나 수익 등에 빠르게 영향을 받게 될 수 있다. 뿐만 아니라 고객 만족 향상을 위해서 별도의 비용이 수반되기 때문에 왁싱숍의 매출이나 수익 등에 영향을 받는다.

  ※ **별도의 비용** : 금전적 비용도 포함되지만 무형적 비용(시간, 노력, 추가 서비스 등)도 포함된다.

⑤ 왁싱(Waxing) 서비스를 제공 후 만족했는지 여부를 물을 때, '매우 만족하셨는지?' 와 '만족하셨는지?'를 동시에 물어본 후 어떤 결과가 나오는지도 살펴볼 필요가 있다.

  만약 지체 없이 '매우 만족'이라는 답을 하는 고객이 있다면, 만족도 수준이 높다고 볼 수 있다. 하지만 두 가지 질문을 동시에 제시했을 때 '매우 만족'이 아닌 '만족'을 선택한 고객이 있다면, 고객의 만족도 수준이 높다고 볼 수 있는지는 불확실한 측면이 있다. '매우 만족'을 선택하기에는 뭔가 아쉬움이라든가 부족한 부분이 있다고 지각했기 때문에 '만족'을 선택했을 가능성이 높다.

⑥ 왁싱(Waxing) 서비스를 제공하는 입장에서는 과감하게 '만족'을 선택한 고객도 불만족 고객으

로 간주하고 서비스 품질 향상에 더욱 더 노력을 기울여야 한다. 즉, 여기서 말하는 '만족'은 만족이 아닐 수 있다. 고객은 항상 있는 그대로를 얘기하지 않고 일부 축소해서 얘기하는 경향이 있기 때문이다.

❷ 불만족

(1) 고객 불만족

① 만족과 불만족의 개념은 서로 반대 개념이라 볼 수 없다. 즉, 만족하지 않았다고 해서 반드시 불만족했다고는 볼 수 없다. 만족과 불만족은 서로 다른 차원에서 살펴볼 필요가 있으며 만족과 불만족이 동시에 공존할 수도 있다.

② 불만족은 제품이나 서비스의 주요 속성이 소비자의 기대 수준에 미치지 못했을 때 발생하는 감정적 반응이다. 특히, 서비스의 경우에는 고객 불만족이 야기되는 상황을 '서비스 실패(Service Failure)'라고 부르기도 한다.

③ 불만족은 불평 행동으로 이어진다. 불만족을 경험한 고객은 제품이나 서비스에 대해 부정적으로 소문내기도 한다. 또는 재구매를 거부한다. 그리고 공공기관이나 소비자 보호단체에 민원을 접수하기도 한다. 이와 같은 행동을 불평 행동이라 한다.

④ 불만족이 반드시 불평 행동으로 이어지는 것은 아니다. 불만족을 경험했음에도 불구하고 제품이나 서비스를 지속적으로 구매하는 경우도 있다. 예를 들어 해당 제품이나 서비스를 대체할 수 있는 다른 대안이 없을 경우 고객은 지속적인 재구매를 할 것이다.

⑤ 불평 행동은 고객의 특성에 따라 다르게 나타나기도 한다. 가령 동일한 불만족을 경험했더라도 어떤 고객은 단순히 재구매를 하지 않는 것에 그치지만, 또 다른 고객은 공적 행동(소비자 단체 민원접수 등)을 보이기도 하는 등 상황적 요인에 따라서 불평 행동은 달라질 수 있다.

(2) 왁싱숍의 고객 불만족

① 왁싱(Waxing) 서비스에서의 불만과 불평 행동은 일반 제품에서 보이는 그것과는 다른 양상을 보인다. 서비스는 생산과 소비가 동시에 이루어지기 때문이다. 서비스 제공자가 공급함과 동시에 고객은 서비스를 소비한다. 경우에 따라서는 고객은 서비스 제공 과정에 함께 참여하기도 한다.

② 서비스는 고객과의 직접적인 상호작용을 하게 된다. 그렇기 때문에 고객은 서비스 제공자에게 불만족을 표현할 가능성이 커지게 된다.

③ 서비스 접점에서 고객은 즉각적으로 불만을 얘기할 수 있고, 서비스 제공자는 즉각적으로 불만 해결을 위한 노력을 할 수 있다. 이 지점에서 서비스 제공자는 또 다른 고민을 해야 한다. 서비스업 특성상 고객의 불만 관리가 실시간으로 이루어진다는 것과 함께 반복적으로 불만을 제기하는 고객에 대한 관리이다.

2 고객의 불평 행동 유형

① 고객의 불평 행동은 고객이 과도하고 부적절한 불만 제기 행동을 의미한다. 왁싱숍에서 발생할 수 있는 고객의 불평 행동은 다양하며, 각각의 유형에 대응하는 방법이 필요하다. 몇 가지 대표적인 불평 행동 유형은 다음과 같다.

【불평 행동 유형】

유형	설명
불만족한 결과	• 고객이 왁싱(Waxing) 결과에 만족하지 않는 경우가 있을 수 있다. • 대응 방안으로 고객의 불만을 진지하게 수용하고, 가능하면 다시 서비스를 제공하거나 추가적인 조치를 제안한다.
서비스 속도	• 고객이 서비스가 지나치게 느리다고 느낄 수 있다. • 대응 방안으로 서비스 속도를 개선하고, 미리 예약이나 대기 시간에 대한 명확한 정보를 제공하여 불만을 최소화한다.
불만족스러운 서비스 태도	• 서비스 제공자의 불만족스러운 태도로 인한 불평이 발생할 수 있다. • 대응 방안으로 해당 직원에게 피드백을 주고 교육을 실시하거나, 전반적인 고객 서비스 교육을 통해 직원의 태도를 개선한다.
예약 및 취소 정책에 대한 불만	• 예약이나 취소에 관한 정책에 불만을 표현할 수 있다. • 대응 방안으로 명확한 예약 및 취소 정책을 제공하고, 불만족스러운 상황이 발생했을 때 정책에 따라 공정하게 대응하여 고객에게 설명한다.
위생 및 시설	• 고객이 시설이나 위생 상태에 불만을 표현할 수 있다. • 대응 방안으로 즉각적인 확인을 하고, 위생 문제를 해결하여 안전하고 청결한 환경을 제공한다.
비용	• 고객이 서비스의 가격에 불만을 표현할 수 있다. • 대응 방안으로 가격에 대한 명확한 설명을 제공하고, 필요 시 할인이나 혜택을 제공하여 고객의 만족도를 높인다.

② 불평 행동에 대한 대응은 항상 고객과의 소통과 신속한 조치가 필요하며, 고객이 만족할 수 있는 방향으로 문제를 해결하는 것이 중요하다.

3 불만족 고객의 특성

불만족 고객은 제품이나 서비스에 갖는 기대에 대해 충족하지 못하였을 때 발생한다. 불만족은 고객의 불평 행동으로 이어질 수 있다. 고객은 오랜 기간 동안 100번을 잘해도 짧은 순간, 한 번의 실수로 이탈을 한다. 여러 상황에서 발생하는 고객 불만의 대부분이 태도와 응대 미숙이다. 고객의 입장을 공감하고 진심을 담아 문제를 해결해야 한다. 반대로 한결 같은 서비스는 무한신뢰가 되어 돌아올 수 있다.

❶ 불평 행동

고객은 기대와 성과의 불일치로 불만족이 발생하면 불평 행동을 할 것인가를 결정한다. 고객의 불평행동은 크게 무행동, 사적 행동, 공적 행동으로 나뉜다.

구분	내용
불평 무행동	• 어느 부분이 불만족스러운지 말도 없이 다시는 오지 않는 고객이 있다. 이러한 경우 고객과의 소통이 전혀 되지 않으므로 무엇이 어떻게 잘못 되었는지 전혀 알 수 없다. • 고객이 직접 말로 하기 힘든 불만은 관리 후 고객의 공간에 간단한 설문지를 비치하여 고객의 의견을 수집하는 등의 방법으로 반드시 적극적으로 대처해야 한다.
불평 사적 행동	• 주로 부정적 구전 또는 재구매, 재방문의 중단 등이 있다.
불평 공적 행동	• 환불, 소비자 단체 등의 불평, 배상을 위한 법적 조치가 있다.

이러한 사적·공적 불평 행동을 보이기 전 고객에 대한 세심한 관리와 배려가 필요하며 불평 행동이 제기되었을 경우에는 진심 어린 태도와 적극적인 대처 능력이 필요하다. 고객의 불만이나 불평사항이 있을 경우, 친절하게 듣고 이해하려 노력한다. 고객의 의견을 소중히 여기고, 그 원인을 파악하기 위해 세심한 주의를 기울인다.

(1) 진정 및 이해 표현

고객이 불만을 표현할 때는 고객의 감정을 이해하고 공감하는 태도를 보인다.
예 "이해합니다. 불편을 느끼셨군요. 제가 도와드리겠습니다."

(2) 문제 해결 제안

문제의 본질을 파악한 후, 해결책을 제안한다. 예를 들어, 서비스의 불만족으로 인한 경우에는 재서비스 또는 환불 등의 대안을 제안한다.

(3) 전문적인 태도 유지

불평 사항이나 불만에도 불구하고 고객과의 갈등을 피하고 해결하기 위해 노력하는 전문적인 태도를 유지하려 노력한다.

(4) 상황 개선을 위한 피드백 수렴

고객의 불평 행동에서 나오는 피드백을 수렴하여 상황을 개선할 수 있는 방법을 찾으며, 서비스나 시설의 개선이 필요한 부분을 파악하고, 이를 향상시키기 위한 노력을 기울인다.

(5) 쾌적한 환경 제공

다음 번 방문을 유도하기 위해 불평 행동에 대한 대응 후에도 쾌적한 환경을 제공하며, 고객에게 더 나은 경험을 제공하기 위해 노력하는 모습을 보인다.

(6) 사과와 보상 제안

고객에게 사과의 말과 함께 추가 혜택이나 할인을 제공하여 고객의 불평 행동에 긍정적으로 대응한다.
예 "이번 일로 불편을 느끼셨다면 죄송합니다. 다음 방문에는 [특별 혜택/할인]을 제공하겠습니다."

왁싱
실전
테크닉

- NCS를 기반으로 한 **왁싱 실전 테크닉**
- 반복학습이 가능한 **왁싱 실전 연습 노트**
- 왁싱숍 원장님들의 **실전 테크닉 노하우**

원큐패스는 수험생들이 한번에 합격하기를 응원합니다

왁싱
실전
테크닉

이연정

강현경 김원화 최선화 임현주
김시은 김보령 김영선 황정옥
백윤정 최혜원 이채은 유재은
전현아 이다혜 **공저**

NCS 국가직무능력표준
교육과정 반영

- 일러스트를 수록하여 **이해하기 쉽도록 구성**
- 왁싱 실전 테크닉 **연습 노트**
- 현직 왁싱숍 원장님들의 **실전 테크닉 노하우**

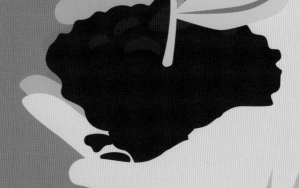

다락원

왁싱 실전 테크닉 연습 노트

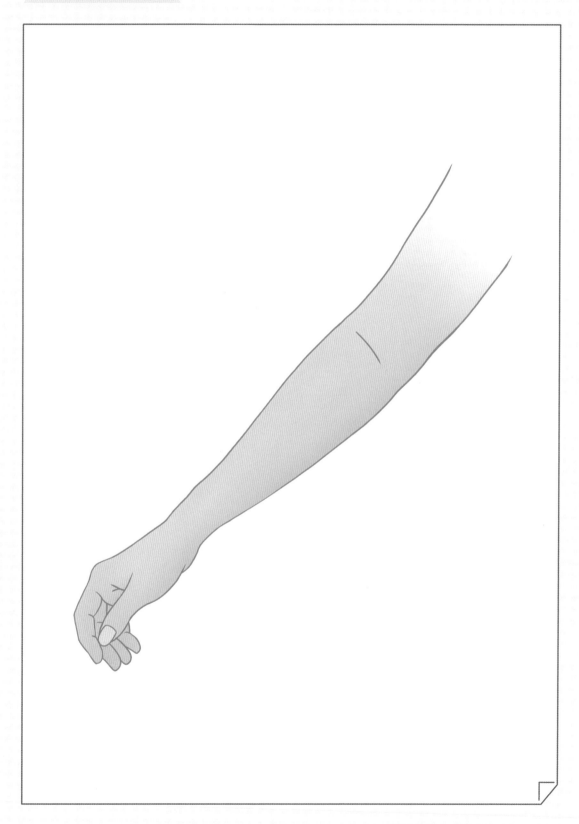

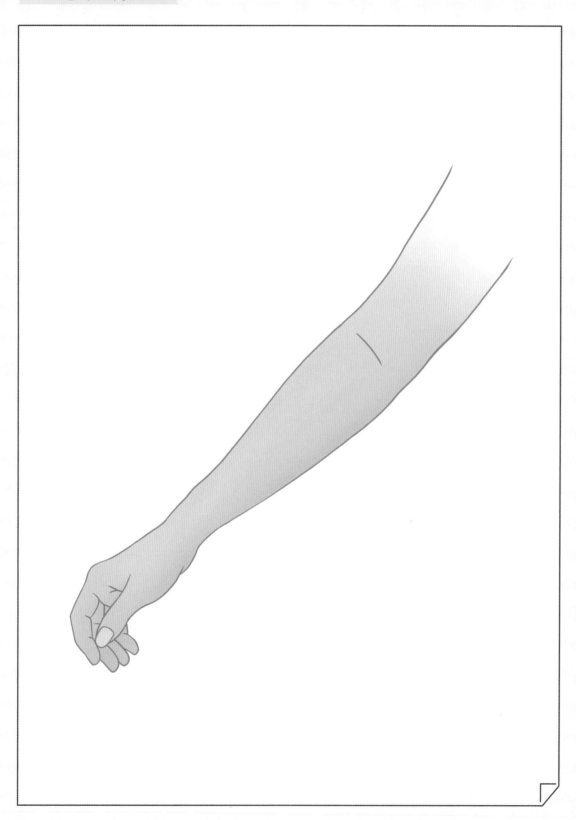

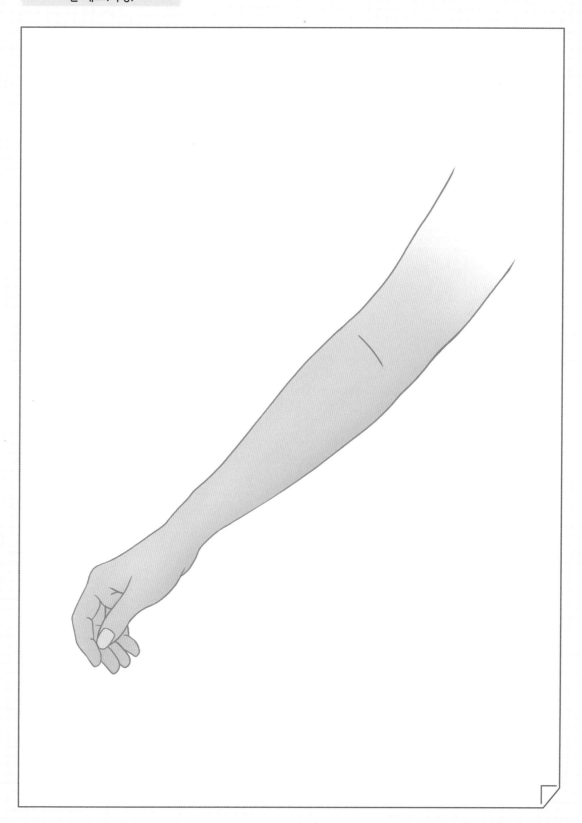

손가락 및 손등 제모(왁싱)

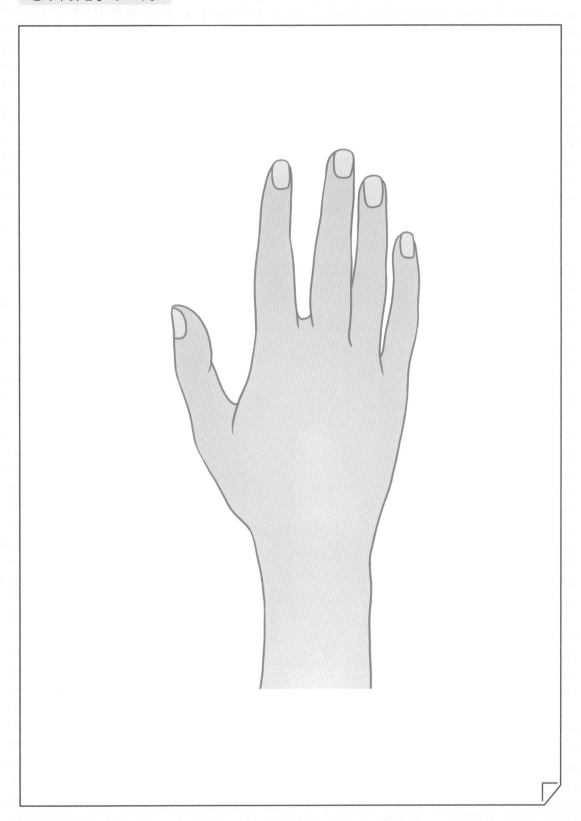

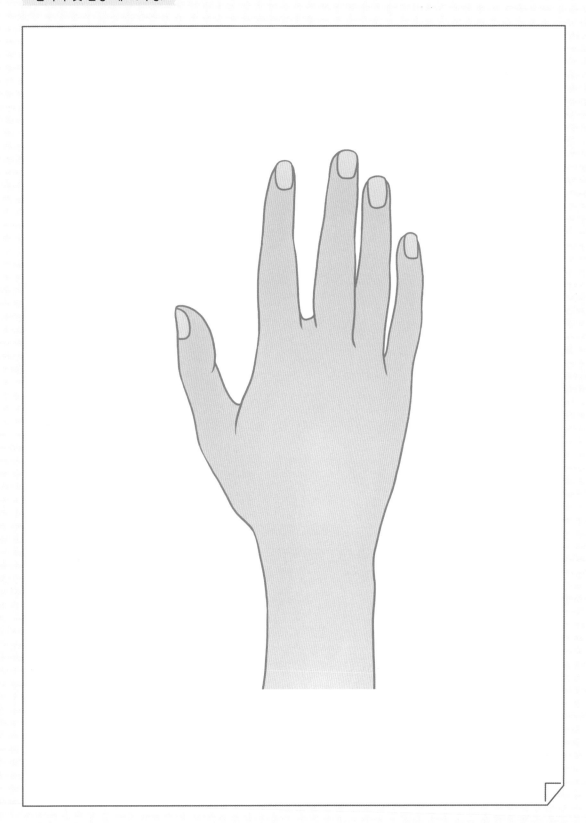

손가락 및 손등 제모(왁싱)

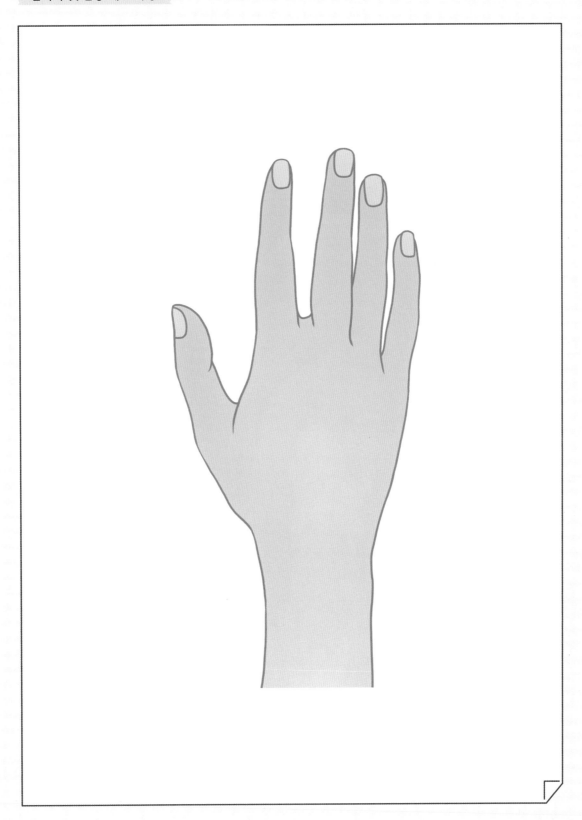

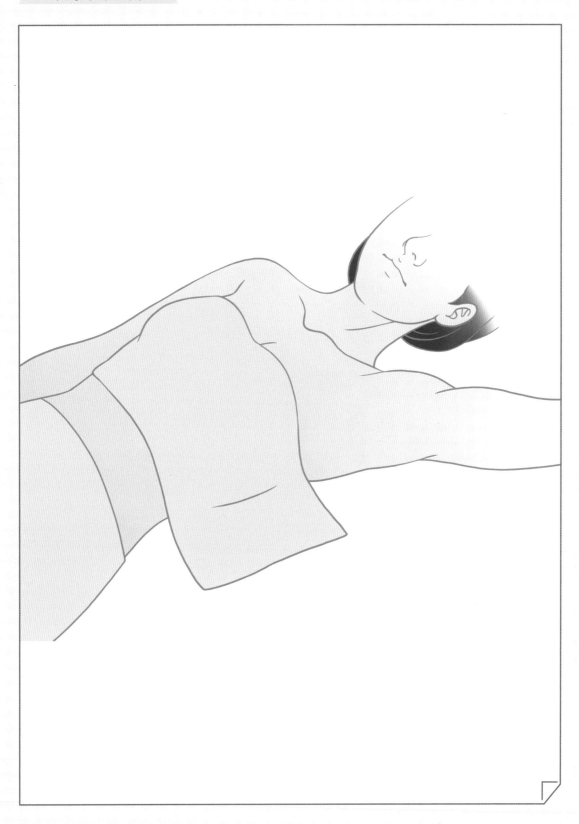

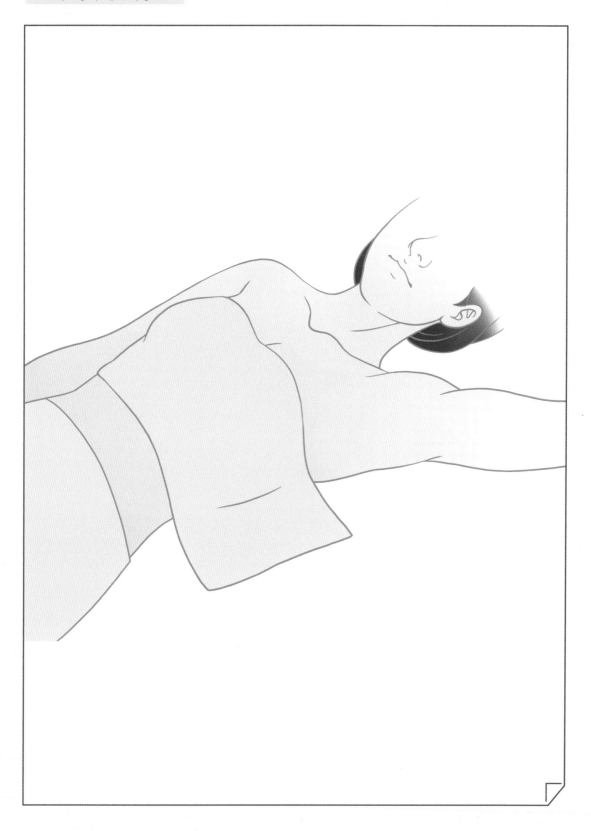

겨드랑이 제모(왁싱)

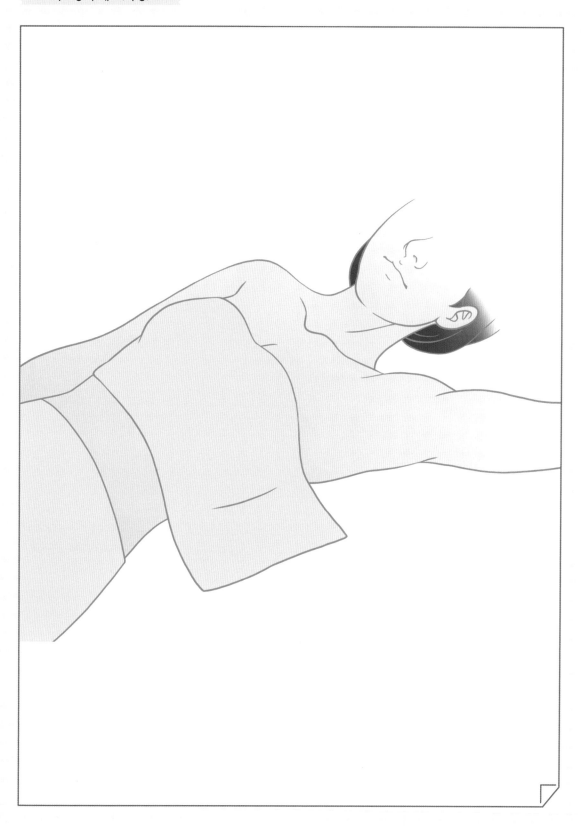

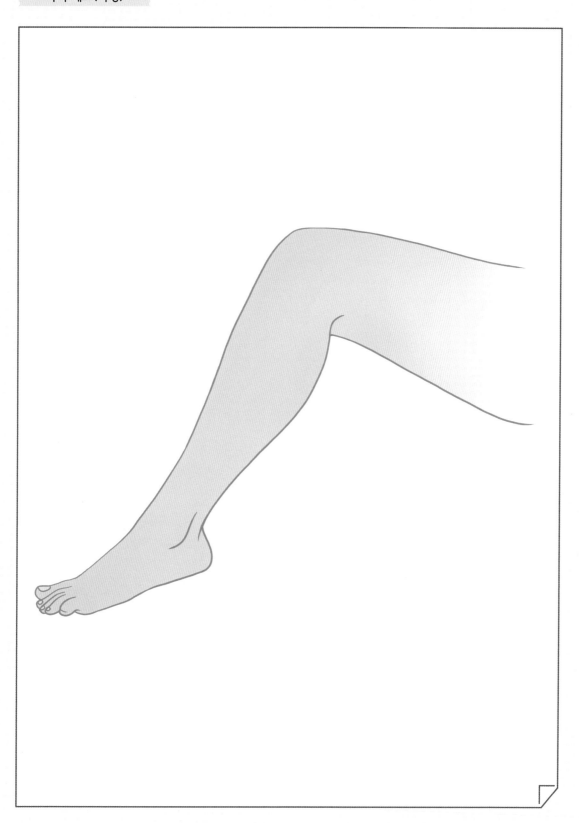

다리 제모(왁싱)

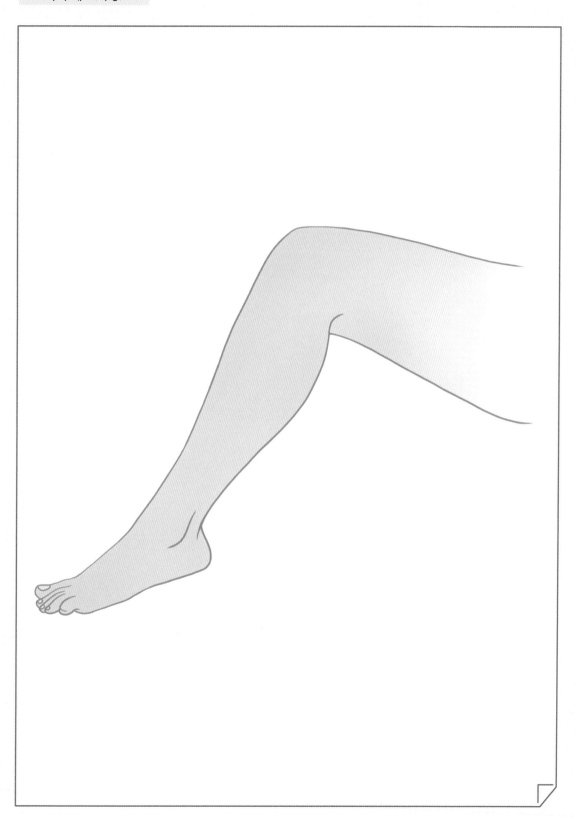

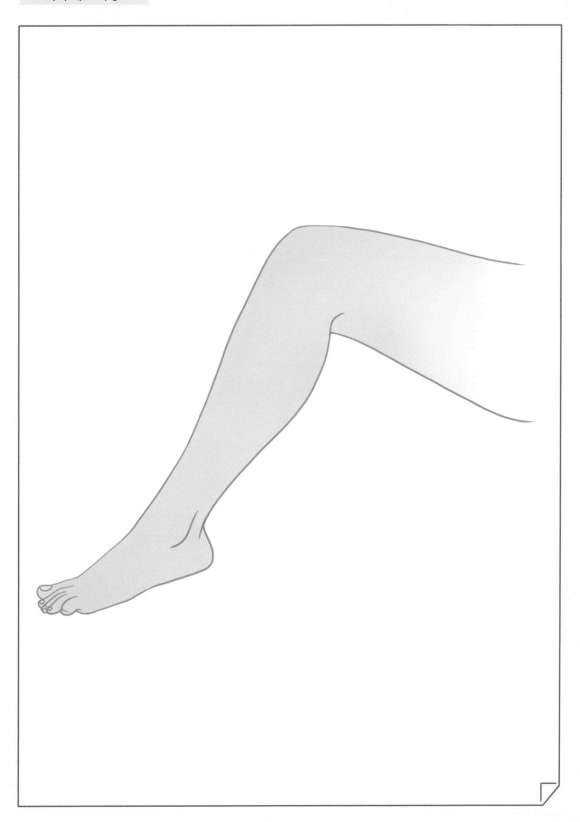

발가락 및 발등 제모(왁싱)

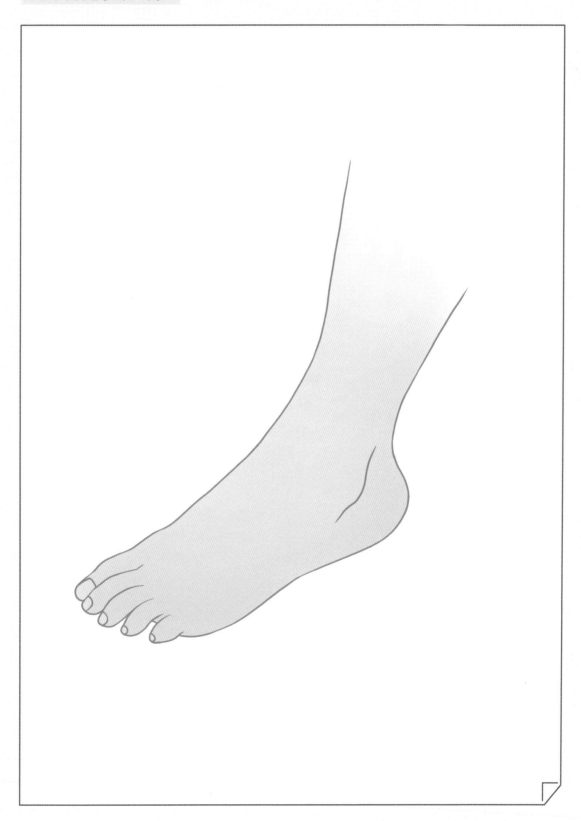

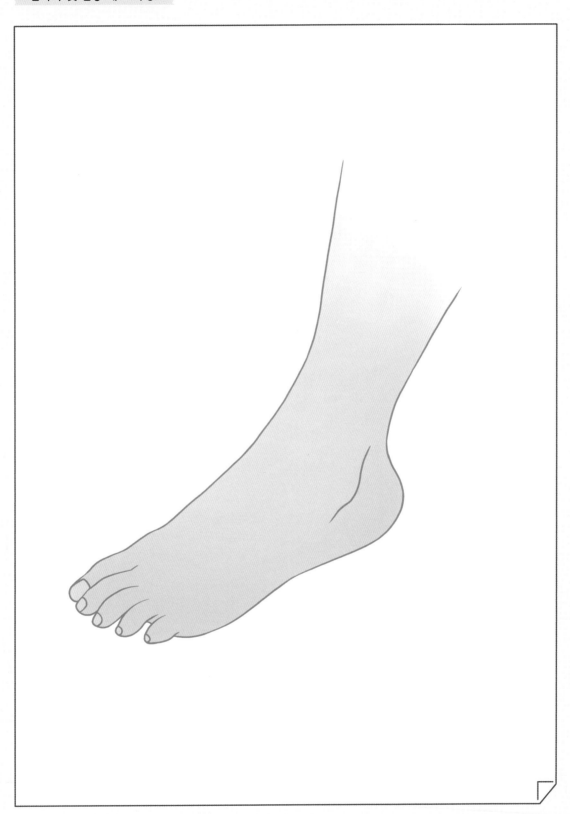

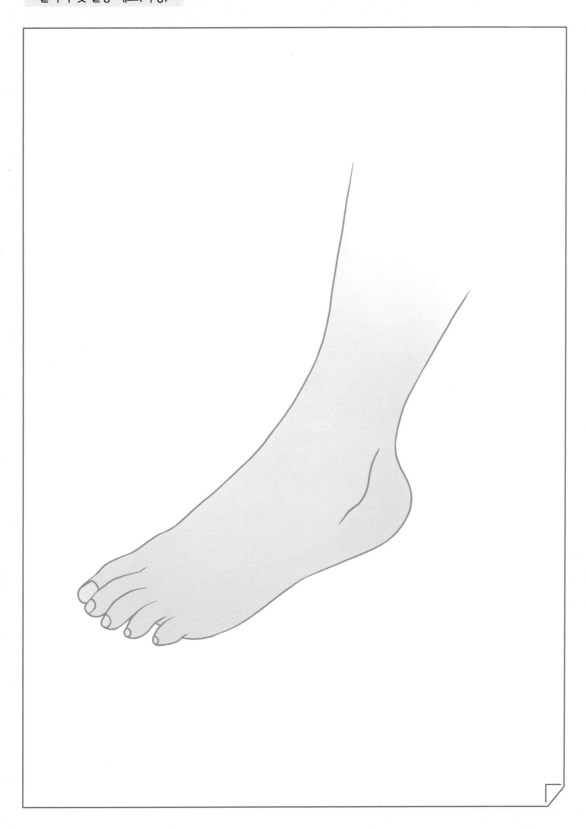

눈썹 종류 4가지

눈썹 종류 4가지

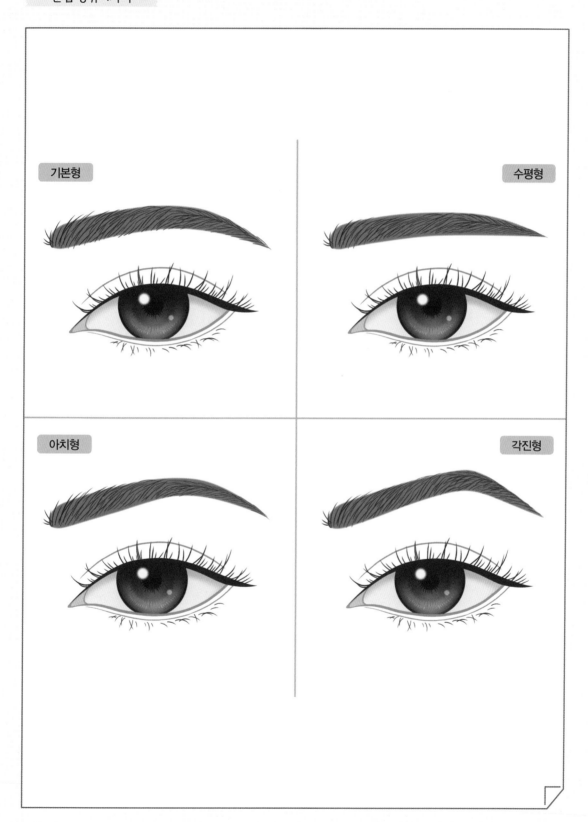

기본형

수평형

아치형

각진형

눈썹 종류 4가지

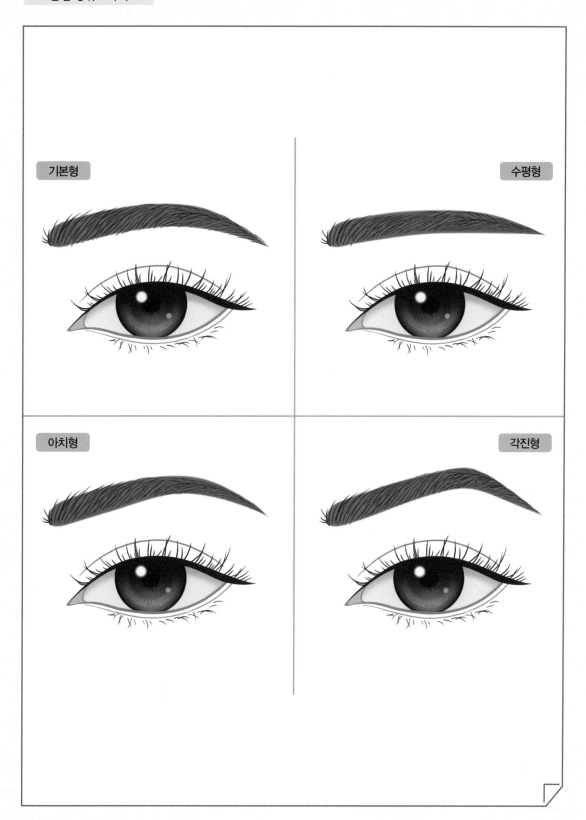

기본형

수평형

아치형

각진형

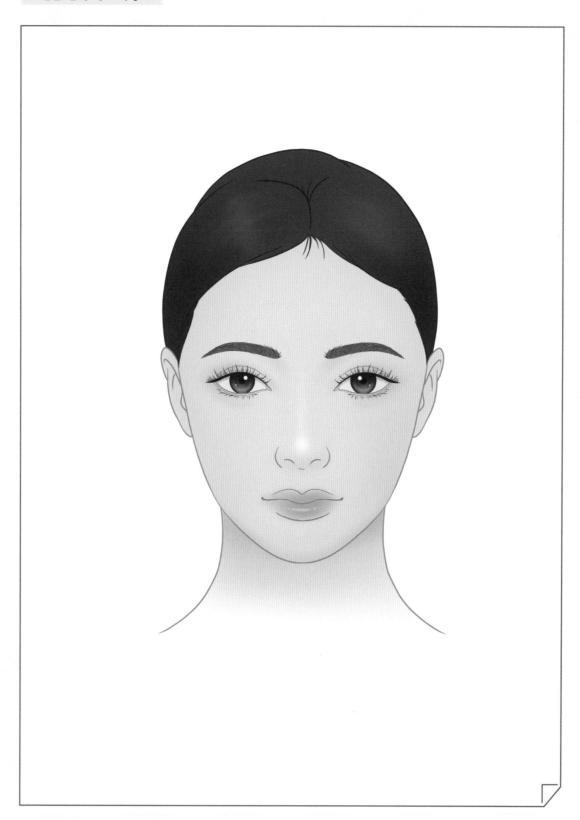

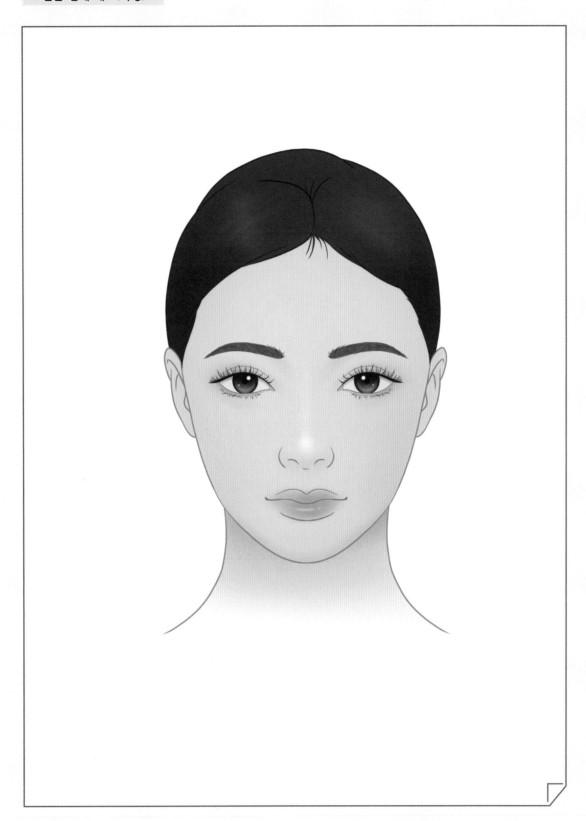

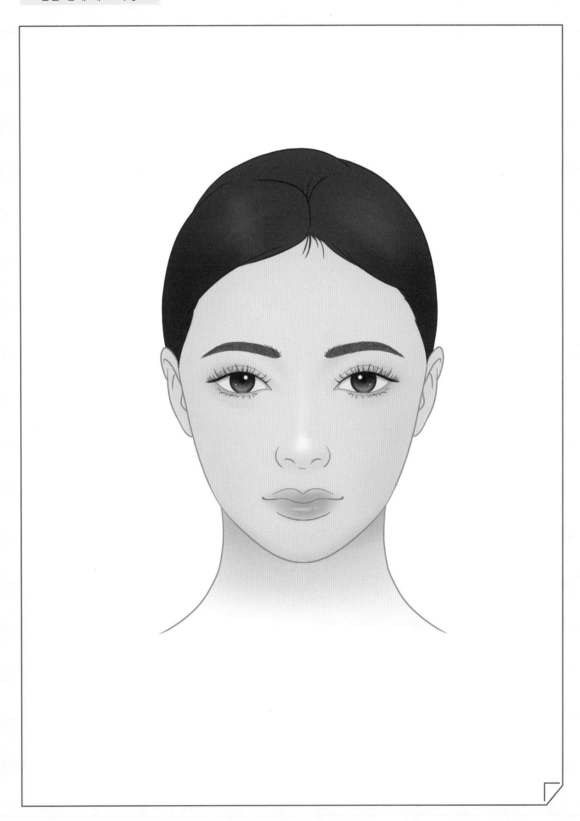

여성 가슴 및 복부 제모(왁싱)

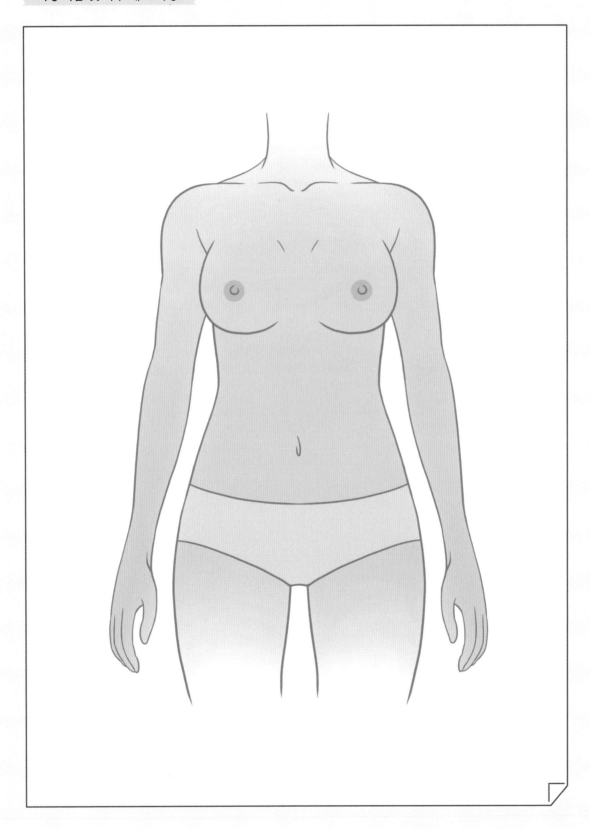

여성 가슴 및 복부 제모(왁싱)

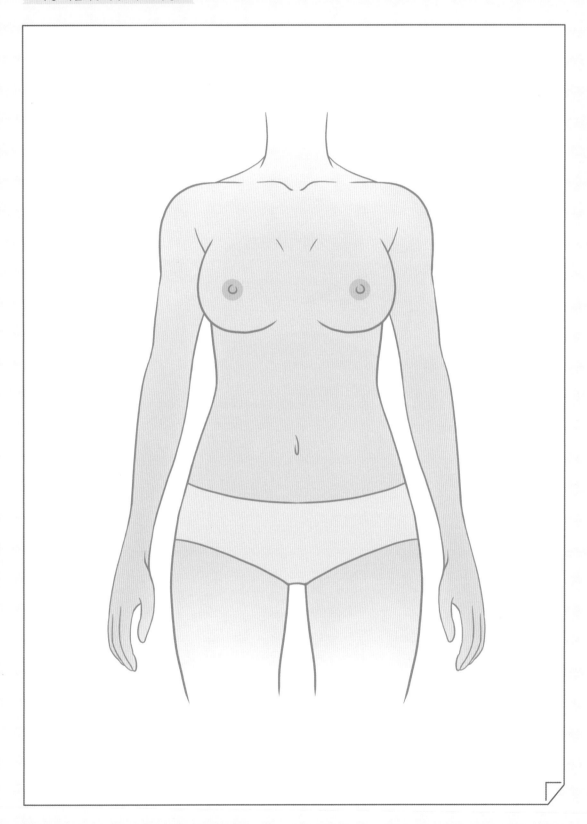

여성 가슴 및 복부 제모(왁싱)

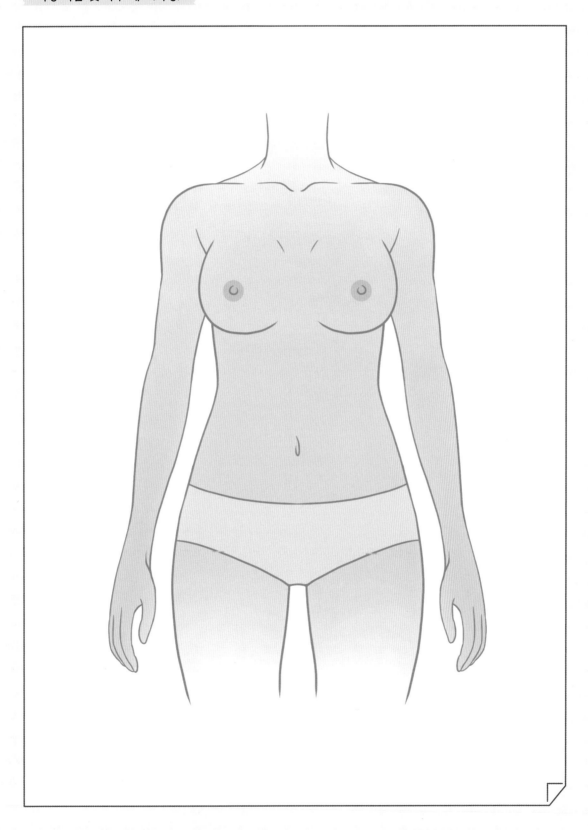

남성 가슴 및 복부 제모(왁싱)

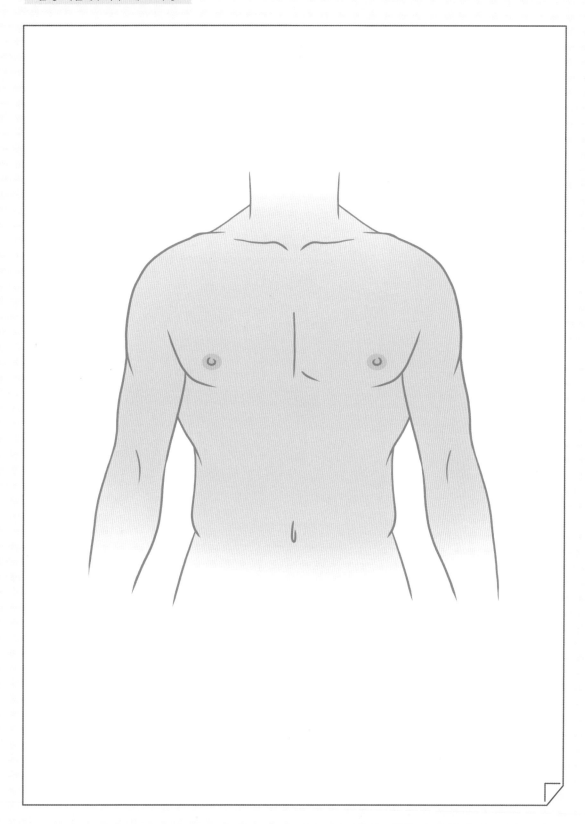

남성 가슴 및 복부 제모(왁싱)

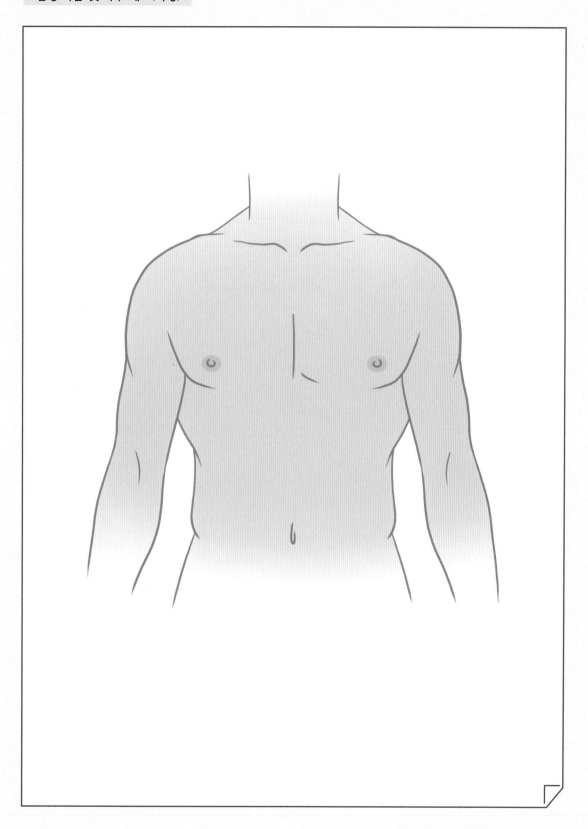

남성 가슴 및 복부 제모(왁싱)

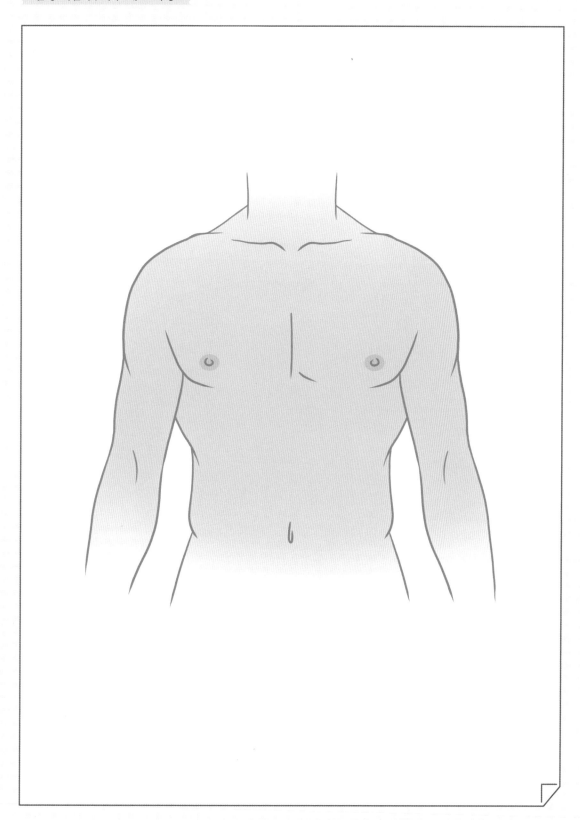

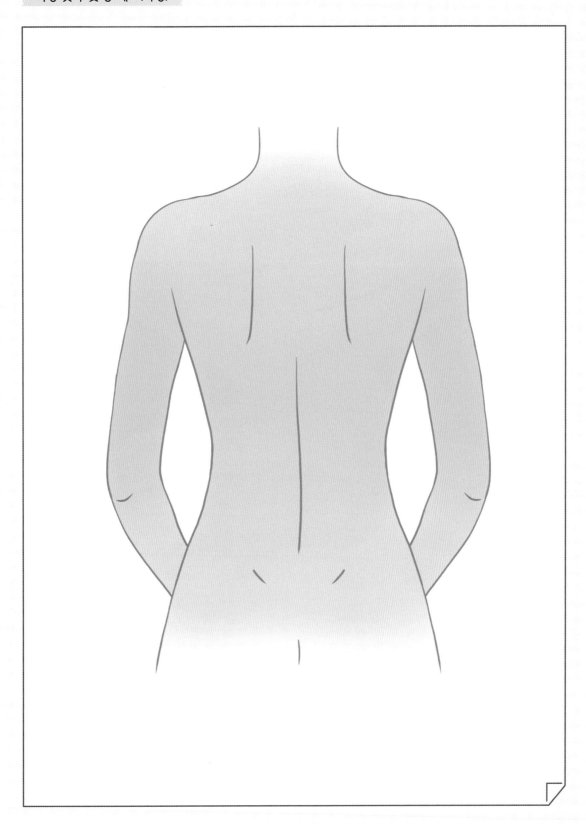

여성 뒷목 및 등 제모(왁싱)

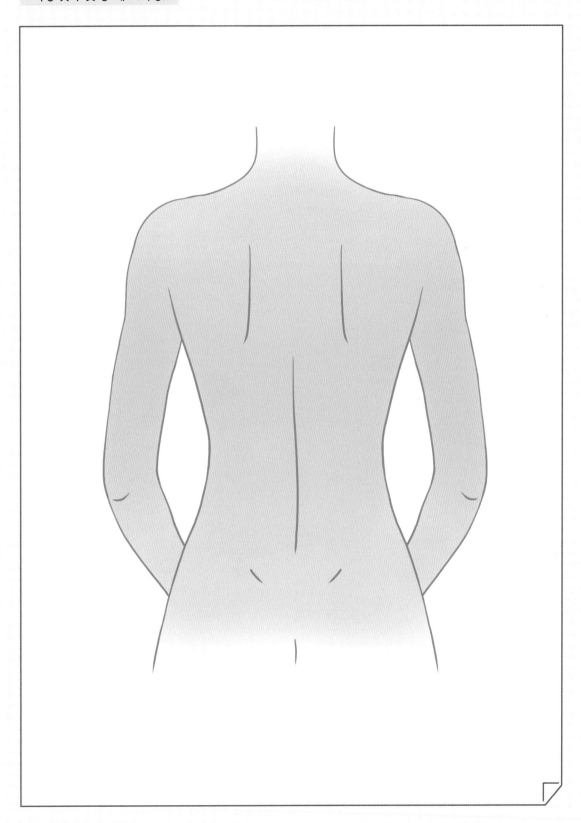

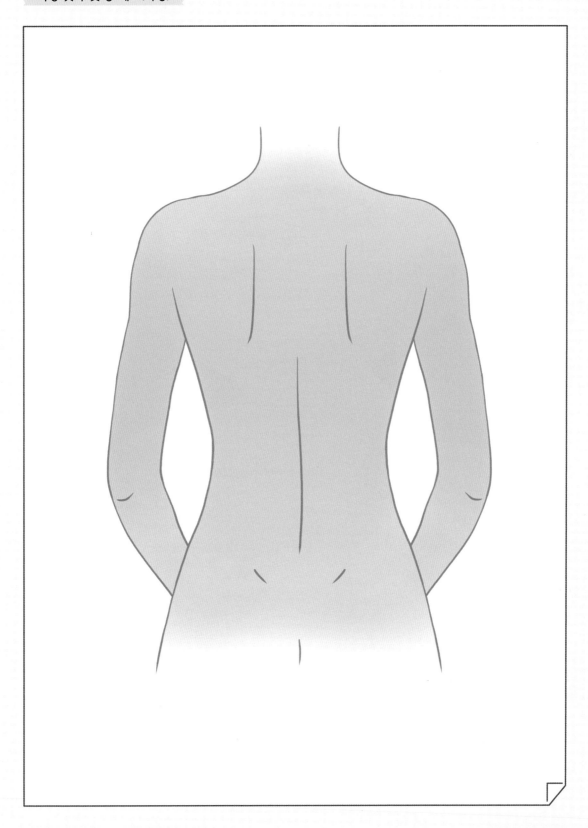

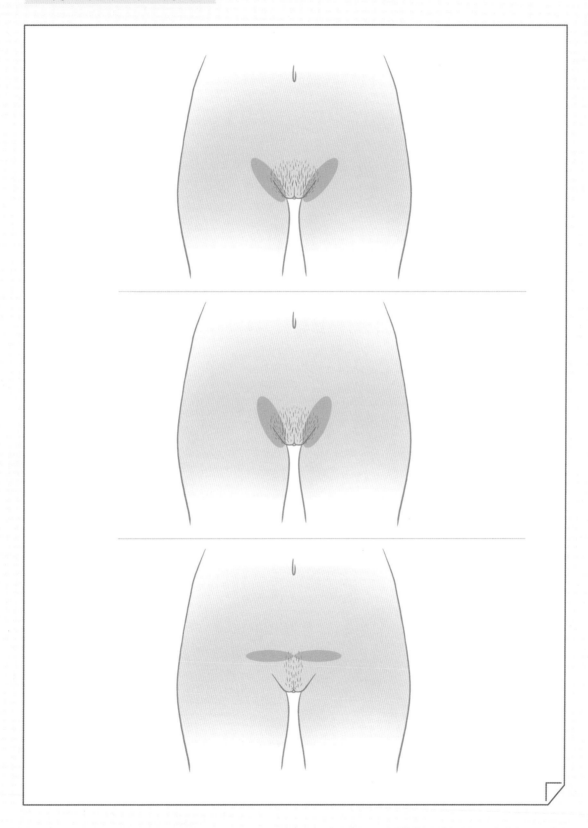

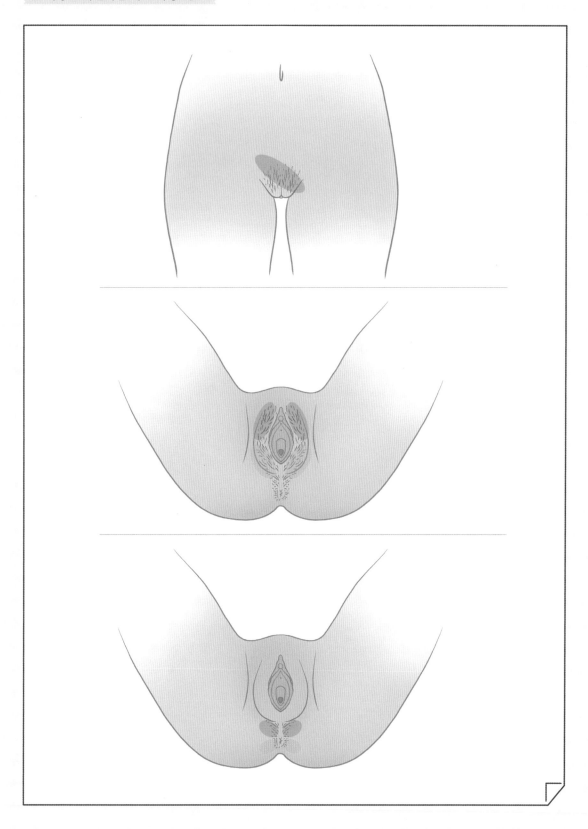

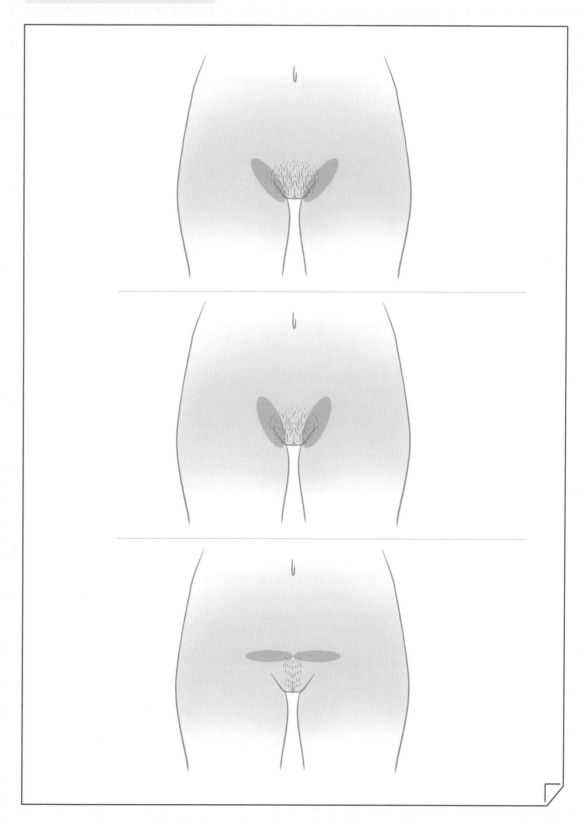

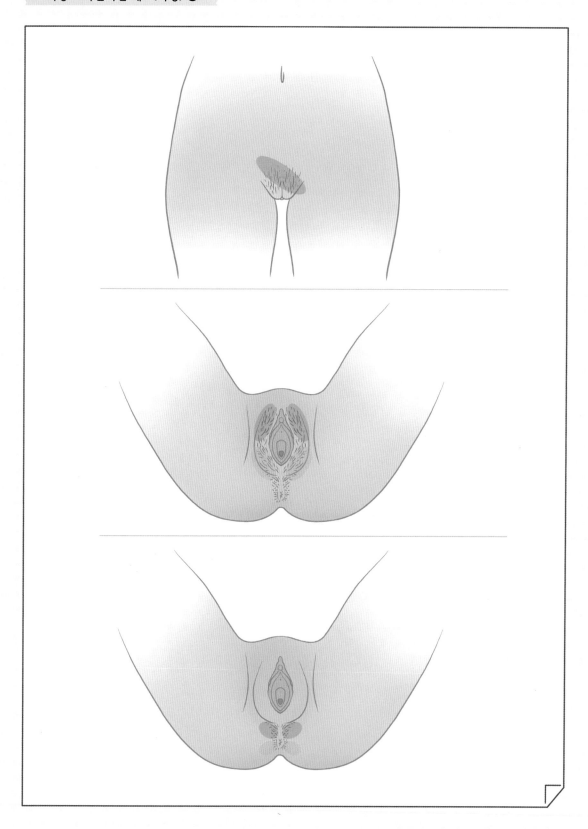

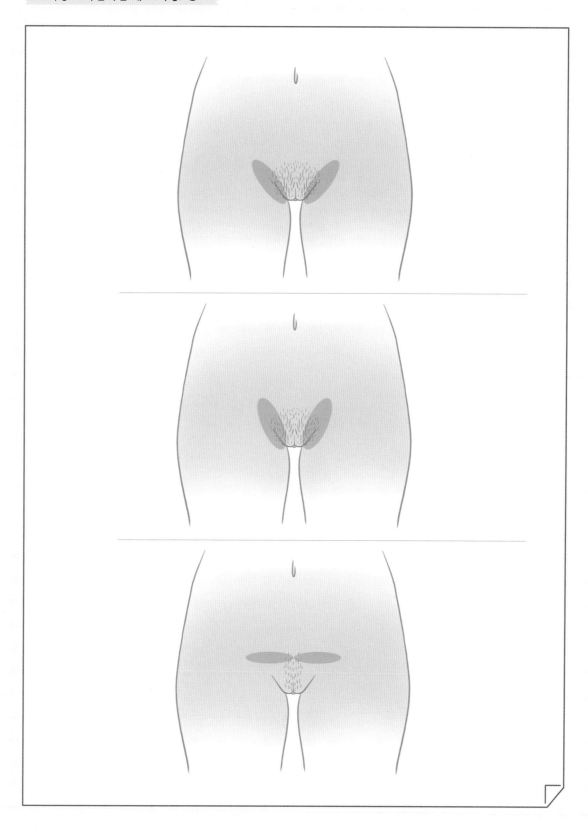

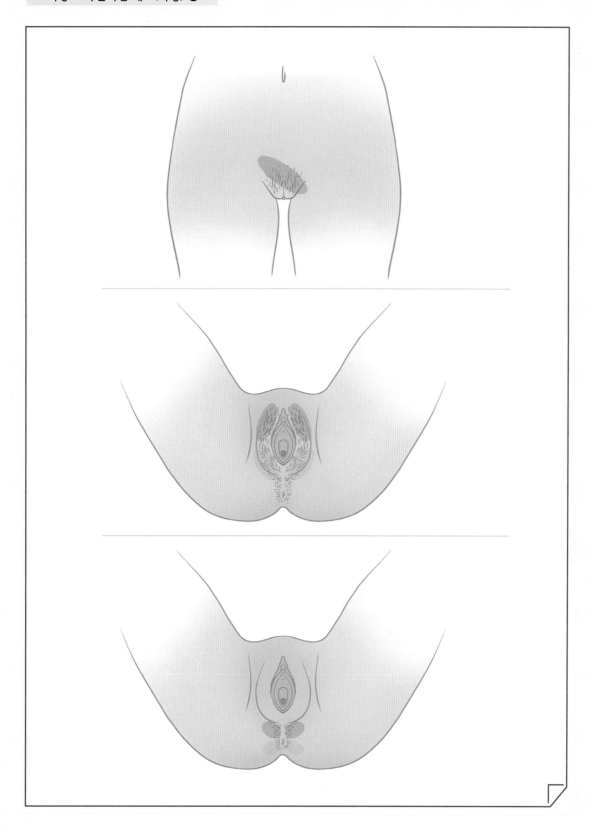

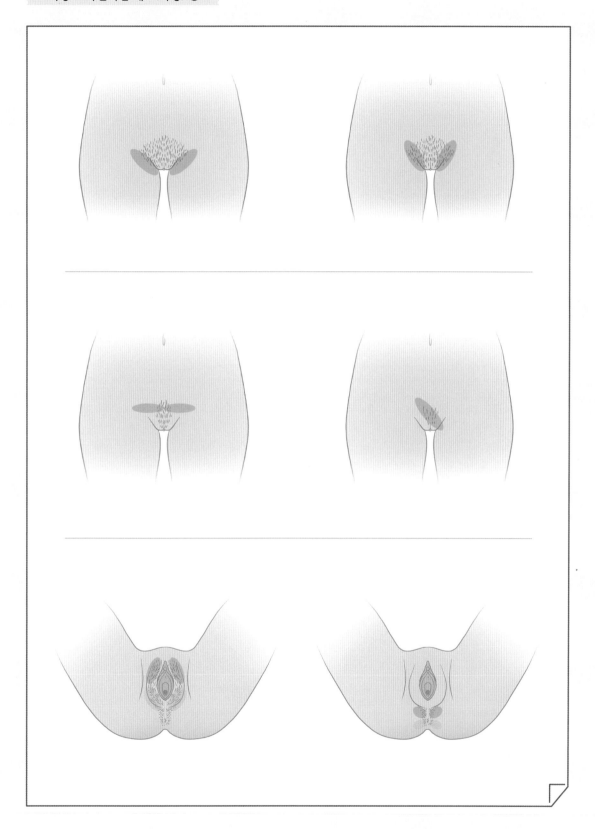

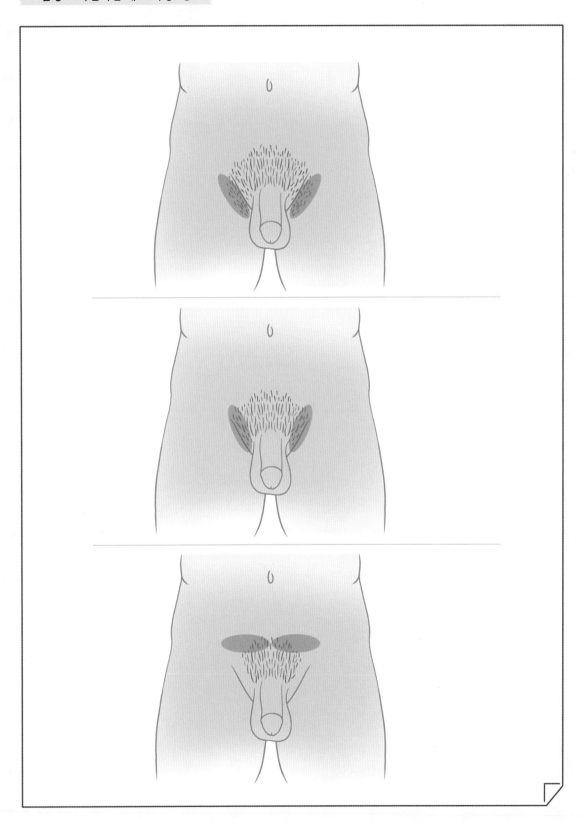

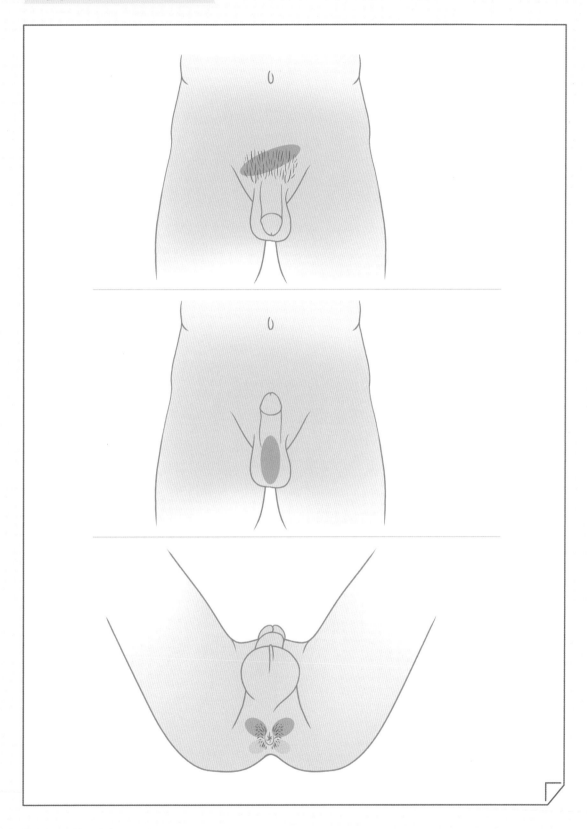

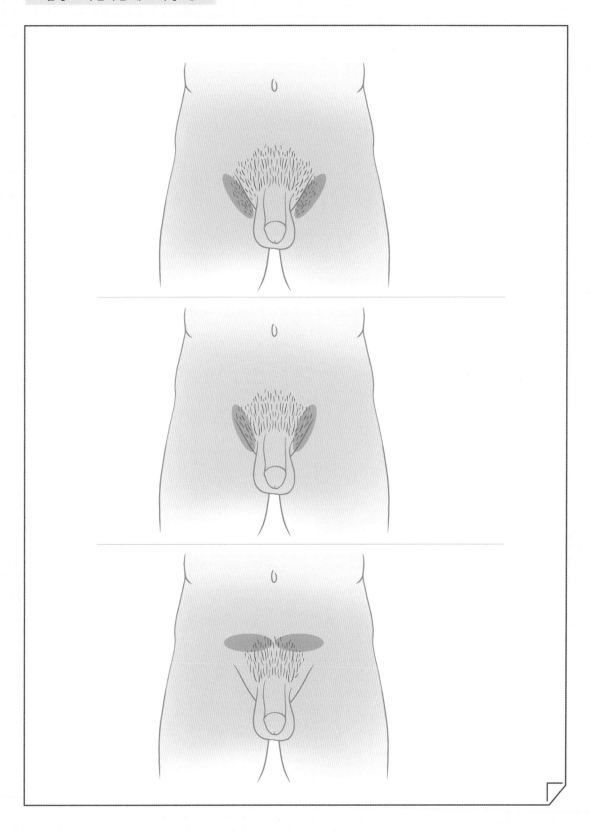

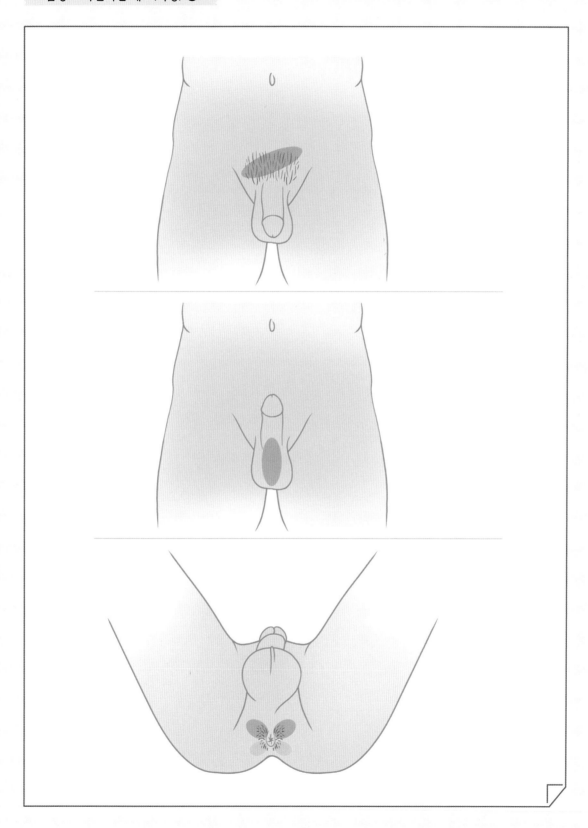

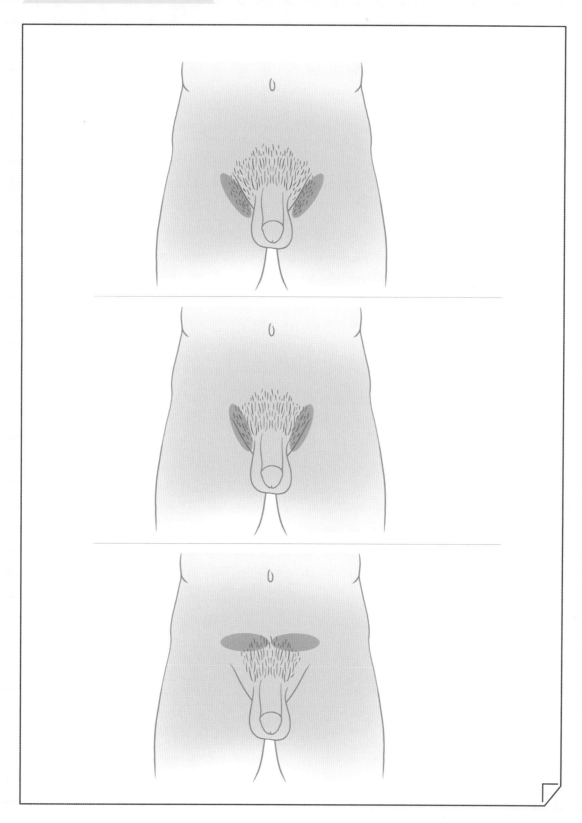

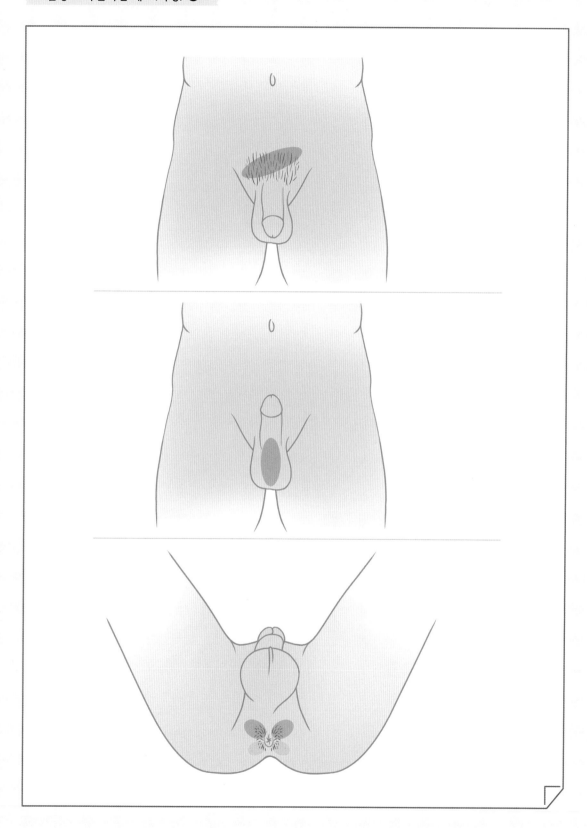

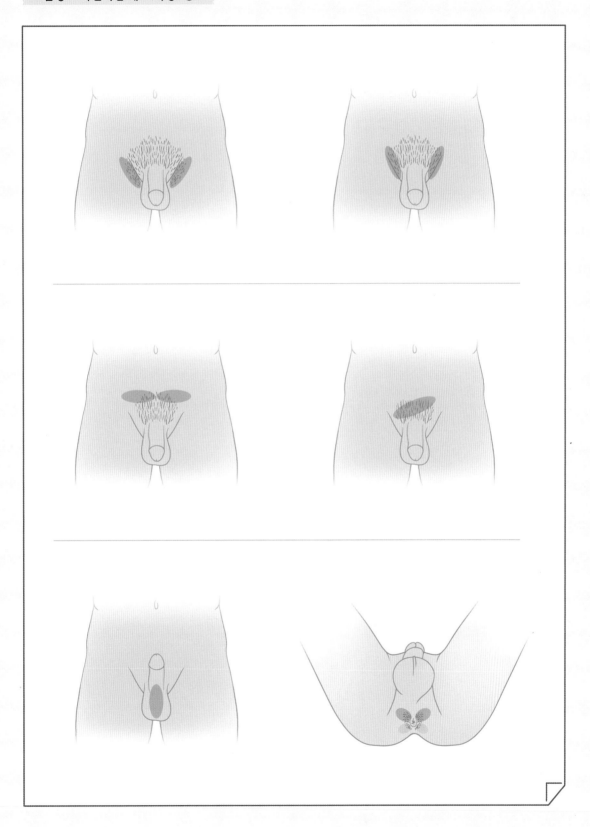

왁싱숍 원장들의 왁싱숍 실전 테크닉 및 노하우

1.
왁싱숍
소개
Introduction

대전 중구에서 캐론랩 트레이너 센터 '미인 왁싱숍'을 운영하고 있는 김원화 원장입니다.

2015년 처음 왁싱(Waxing)을 시작하여 현재 9년차 왁서로서 일을 하고 있습니다. 제가 운영하는 숍은 왁싱(Waxing)을 포함해서 속눈썹 연장과 속눈썹펌 반영구화장 시술을 하고 있습니다. 지역 내에서 높은 인지도가 있는 뷰티숍으로 자리 잡았고, '국제미용기능대회'에서 대상을 수상한 이력과 현재 왁싱 대회 심사위원으로 위촉되어 있으며, 뷰티 세미나와 왁싱(Waxing) 개인 교육도 함께 진행하고 있습니다.

1 왁싱 프로그램의 종류

구분	내용
눈썹 왁싱 + 이마 왁싱 패키지 혜택	눈썹이나 이마만 관리하는 고객들에게 한 가지만 시술 시 솜털에 의한 선이 생기는 점을 안내하여 할인 혜택을 제공합니다.
브라질리언 왁싱 티켓권 혜택	단골 고객을 확보할 수 있고 고객에게는 높은 관리 비용(1회일 경우)의 부담을 덜어줍니다.
회원권 프로그램	속눈썹펌이나 연장뿐만 아니라 왁싱(Waxing)까지 함께 회원권으로 이용할 수 있도록 하여 단골 고객을 확보할 수 있도록 합니다.
눈썹 왁싱을 하면서 부족한 고객들께는 반영구로 단점 보완	고객의 단점을 아름답게 보완합니다.

2 왁싱 전·중·후 관리

왁싱 전 관리	• 피부질환이 있거나 왁싱(Waxing) 관리가 가능한 상태의 길이인지 왁싱(Waxing) 가능 여부를 확인합니다.(셀프제모, 최소 10일 후부터 가능) • 태닝, 레이저 치료를 받는 고객일 경우 일정 시간 경과 후 왁싱(Waxing) 관리를 합니다.
왁싱 중 관리	• 왁싱(Waxing)을 처음 하는 고객의 경우 긴장을 많이 하기 때문에 편안한 대화를 하며 왁싱(Waxing) 관리를 받을 수 있도록 합니다. • 왁스 온도를 체크하며 고객에게 온도에 대한 정보를 제공합니다. • 제품을 사용하면서도 간단히 제품에 사용 용도에 대한 정보를 제공합니다. • 주의 사항에 대해서도 고객에게 미리 정보를 제공합니다.
왁싱 후 관리	• 주의 사항에 대해 다시 한번 정보를 제공합니다. • 스크럽과 왁싱(Waxing) 후 관리제품을 (범프이레이저) 안내하며 선택이 아닌 필수로 관리할 수 있도록 정보를 제공합니다. • 고객 왁싱(Waxing) 후에는 왁싱(Waxing) 도구 및 기구를 소독하며 항상 청결한 상태를 유지합니다.

2.
왁싱숍
노하우
Know-how

1 페이스

헤어라인 왁싱	• 헤어라인 왁싱(Waxing)은 라인을 얼마나 섬세하게 제거하는지가 중요합니다. • 이마가 좁다고 해서 처음부터 많은 부위를 넓게 제거하지 않고 조금씩 넓혀나가야 합니다. • 꼬리빗으로 조금씩 부위를 적용하면서 제거하는 것이 중요합니다. • 헤어라인 왁싱(Waxing)만으로도 필러 맞은 이마처럼 봉긋한 이마를 연출할 수 있습니다. 왁싱(Waxing) 후 만족도가 높은 부위입니다.
눈썹 왁싱	• 눈썹 왁싱(Waxing)은 누워서 관리하기보다는 앉아서 관리하는 것을 선호합니다. 이유는 고객이 눈을 감았을 때 눈썹 모양보다 눈을 떴을 때 눈썹 모양이 맞춰지기를 원하기 때문입니다. 누워서 관리하게 되면 중력으로 인해 눈썹의 형태와 위치가 바뀌게 됩니다. • 누워서 관리할 수 밖에 없는 환경이라면 앉아서 디자인을 한 후에 누워서 적용하면 됩니다. • 눈썹 왁싱(Waxing)을 받으러 오는 고객분들은 대부분 셀프관리를 어려워합니다.

2 브라질리언 왁싱

구분	내용
남성	남성 고객들은 왁싱(Waxing) 받는 자세를 여성 고객보다 더 힘들어 합니다. 특히, 여성 왁서에게 받는 남성 고객들은 관리 도중 통증이나 불편함을 참지 못하게 되어 창피할까봐 걱정을 많이 합니다. 만약 그런 경우가 생기더라도 놀라지 말고 신속하게 관리하면 됩니다.
여성	여성 고객들도 브라질리언 왁싱(Waxing)은 다른 왁싱(Waxing)보다 최대한 신속하게 관리해야 합니다. 또한, 왁스를 관리 부위에 너무 넓게 도포하면 피부 들림과 통증이 심하기 때문에 손가락 사이즈 정도씩만 도포와 제거를 반복하며 제거할 때는 꼭 반대 손으로 피부를 눌러 고정시켜 통증이 최소화되도록 합니다.

3 바디 왁싱

팔 왁싱
- 스트립 왁스를 사용하기 때문에 스킨 탈락에 주의해야 합니다. 특히, 손목, 팔꿈치, 팔꿈치 안쪽 접히는 부분이 스킨 탈락이 생기기 쉽습니다.
- 피부가 너무 건조한 고객의 경우에는 오일을 살짝 도포하고 관리해 주는 것이 좋습니다.

다리 왁싱
- 고객마다 고착력이 다르기 때문에 모근 제거가 잘 되는 고객과 모근 제거가 잘 안 되는 고객으로 나뉩니다. 모근 제거가 잘 되지 않는 고객이라면 모근과 피부조직을 분리시킬 때 모근 제거가 잘 되는 고객보다 힘이 더 필요합니다.
- 이러한 경우에는 피부를 고정시키는 텐션을 강하게 유지해야 모간이 끊어지지 않게 관리할 수 있습니다.

3.
왁싱 후 홈케어 조언
Home care

1 페이스 왁싱

- 관리 직후 메이크업하지 않습니다.
- 오일제품은 3일 후부터 사용합니다.
- 건조할 경우 트러블이 발생될 수 있으므로 피부에 보습을 충분히 합니다.

구분	내용
여성 고객	범프이레이져 메디페이스트 제품을 추천해 드리며 인그로운 헤어 방지, 피부자극, 여드름, 홍조 감소, 진정 및 향균작용으로 외부로부터 감염을 막고 피부재생 촉진 효과를 안내합니다.
남성 고객	모의 성장주기를 지연할 수 있는 범프이레이져 트리플 액션로션을 권하며 모의 성장주기를 지연시켜 모를 부드럽고 얇게 성장하게 해주는 효과와 왁싱(Waxing) 관리 시 모공이 유연화되어 통증완화 및 인그로운 헤어 방지효과를 안내합니다.

2 브라질리언 왁싱

- 당일은 물샤워를 하며 물리적인 마찰을 최소화합니다.
- 샤워 후에는 왁싱(Waxing) 전용 제품 범프이레이져 세럼을 적용하고 바디로션으로 보습은 필수임을 안내(인그로운 헤어 예방, 진정효과)합니다.
- 3일 후부터는 스크럽 관리가 가능하므로 일주일에 2~3회 스크럽 관리를 필수적으로 해야 함(스크럽으로 인그로운 헤어 혹은 모낭염 예방)을 안내합니다.

3 바디 왁싱

- 당일은 물샤워를 하며 물리적인 마찰 최소화합니다.
- 샤워 후에는 왁싱(Waxing) 전용 제품 범프이레이져 세럼을 적용하고 바디로션으로 보습은 필수임을 안내(인그로운 헤어 예방, 진정효과)합니다.
- 3일 후부터는 스크럽 관리가 가능하므로 일주일에 2~3회 스크럽 관리를 필수적으로 해야 함(스크럽으로 인그로운 헤어 또는 모낭염 예방)을 안내합니다.

1.
왁싱숍
소개
Introduction

인천시 남동구에서 하드 왁스 전문점을 운영하는 '왁싱 라운지 숍' 대표 최선화 원장입니다.

저는 2016년에 왁싱(Waxing)을 처음 시작으로 8년차가 된 왁서이며 숍을 운영한지는 올해 5년차가 되었습니다. 인천 최초 캐론랩 트레이너센터 운영으로 자체 제작한 교재를 사용하며 실무에 필요한 초보자 왁싱(Waxing) 수강, 전문가 스킬업 수강 등 다양한 교육 과정과 전문적인 세미나 수업을 진행하고 있습니다. 리뷰좋은 '왁싱숍, 안 아픈 왁싱숍, 친절한 왁싱숍'이라는 키워드로 지역 내 인지도 있는 숍으로 자리매김하였습니다.

1 신규 고객

신규 고객은 왁싱숍에 방문했을 때 왁싱숍이 100% 마음에 들어 방문하는 경우도 있지만, 보통은 거리, 예약 시간, 왁스 종류 등 여러 가지 요인으로 방문합니다. 따라서 자신만의 숍이 가진 장점으로 고객님의 나머지 모든 요인을 충족시켜 재방문률을 높이는 것 또한 중요한 포인트입니다.

첫 왁싱(Waxing)일 경우 주의 사항이나 홈케어 방법, 시술의 통증 등 생소한 부분이 많으니 차트 작성 시 미리 정보를 제공하거나 관리 중 간단한 안내와 함께 진행하는 방법도 좋습니다.

구 분	내 용
1	• 왁싱(Waxing) 전 고객님의 피부 상태나 복용 중인 약 알레르기 반응, 임신 여부, 주의 사항 등 충분한 상담을 통해 차트를 작성합니다. • 예를 들어 여드름약을 복용 중이며 티트리 알레르기 반응이 있는 고객이라면 여드름약은 피지를 억제하는 약이기 때문에 평소보다 피부가 건조할 수 있다는 점을 고지하고 와서도 충분히 숙지하고 관리해야 합니다. • 충분한 상담 후 관리하는 것이 안전하고 만족스러운 왁싱(Waxing) 결과를 도출해 낼 수 있는 방법 중 하나입니다. • 복용 중인 약과 알레르기 반응까지 꼼꼼하게 체크해 주는 전문적인 숍의 태도로 고객에게 믿음을 주어 만족스러운 왁싱(Waxing) 관리가 될 것입니다. • 알레르기 반응을 정확하게 모르는 고객이라면 관리 전 무릎 안쪽에 스킨테스트를 미리 해보고 관리를 진행해야 합니다.
2	• 관리 전 왁싱(Waxing)에 필요한 고객의 자세나 관리 도중 사용되는 제품을 미리 설명하는 것이 바람직합니다. • 관리 전 자세는 신규 고객에게는 다소 민망할 수 있으며, 왁스를 제외한 전·후 처리제는 고객에게 도포했을 때 차가운 경우가 많기 때문에 미리 설명하며 진행하는 것이 좋습니다. • 전·후 처리제를 하기 전 "고객님, 차가울 수 있습니다."라는 간단한 멘트와 함께 진행을 합니다. 보통은 "별 거 없잖아?" 라고 생각할 수 있지만 작은 디테일이 숍의 이미지를 바꿀 수 있기 때문에 고객 만족을 위해 끊임없이 노력해야 합니다.

2 불만 고객

초보왁서
- 초보왁서라면 컴플레인을 하는 불만 고객 응대가 가장 어렵고 무서운 순간이 아닐까 싶습니다. 소리를 지르거나, 기분을 상하게 하는 언행, 무시하는 듯한 행동 등 돌발상황이 발생하곤 합니다. 컴플레인이 발생했다면 고객의 불편한 점을 경청하고 헤아려 주는 것 또한 좋은 응대 방법입니다.
- 고객의 불편한 부분을 듣고 난 후 핑계를 늘어놓는 것보다는 고객님의 불편한 점을 찾아 공감해 주고 해결책을 제시해야 하며 의견이 맞지 않을 경우 차선책을 고민하고 제시해야 합니다.

전문왁서
- 전문적인 테크닉을 갖추었다고 하더라도 순간의 착각으로 인해 실수할 수 있기 때문에 컴플레인을 하는 고객이 모두 '블랙 컨슈머'라고 말할 수는 없습니다. 예를 들어 세미(중급) 브라질리언 왁싱(Waxing)을 원하던 고객님에게 올누드(고급) 왁싱(Waxing)을 했을 경우 죄송하다는 말을 하며 실수를 인정하고 진심어린 사과와 함께 고객님이 원하는 부분을 해결해 주는 것이 좋습니다.
- 구체적인 방안이 없다면 차선책으로 재방문 왁싱(Waxing) 비용 할인 또는 인그로운 헤어 전문 제품 제공 등 고객이 숍에 재방문하여 실수를 만회할 수 있도록 만드는 것 또한 방법입니다.
- 이러한 상황이 발생하기 전에 충분한 상담과 전문적인 테크닉으로 고객과의 의사소통을 하는 것은 숍에서 갖추어야 할 기본적인 태도이며 고객이 화난 부분의 포인트를 잘 찾아 공감하고 헤아려 준다면 컴플레인이 더 커지는 상황을 막을 수 있을 것입니다.

2.
왁싱숍
노하우
Know-how

① 스틱 사용법

스틱을 이용하여 시술할 때 어느 부위에 어떻게 스틱을 잡고 자유롭게 사용하는지 스틱을 잡는 요령만 잘 활용해도 왁스를 올바른 체모 방향으로 도포하고 패치를 제거할 수 있어 남은 잔모 없이 깔끔히 시술할 수 있습니다. 예를 들어 어느 부위에 도포할지 먼저 확인을 하고 스틱을 잡는 것입니다.
스틱잡기는 연필잡기 기법과 스틱이 내 손바닥과 일직선으로 잡는 기법이 있습니다.

구분	내용
연필잡기 기법	연필잡기 기법은 섬세하고 면적이 넓지 않은 곳에 주로 스틱의 헤드를 이용하여 소량의 왁스를 도포하는 데 사용합니다.
손바닥과 일직선으로 잡는 기법	손바닥과 일직선으로 잡는 기법은 보다 넓은 면적을 바르며 스틱의 헤드와 사이드를 동시에 이용하여 넓은 부위에 얇게 도포하고 피부와 밀착한다는 듯이 살짝 압을 주어 도포하면 왁스가 모 전체에 골고루 잡히며 깔끔하게 잔모 없이 제거되는 것이 포인트입니다.

② 왁싱 전 고객 차트 작성

왁싱(Waxing)을 하기 전 항상 고객 차트를 작성하여 고객님과 충분한 상담과 주의 사항을 설명하고 관리를 진행합니다. 고객의 피부 상태나 모의 세기, 모량, 민감도 등 고객 차트 작성 후 기억하고 관리한다면 고객뿐만 아니라 왁서 역시 보다 만족스러운 관리 결과를 보장할 수 있습니다.
신규 고객 관리 전 상담 시 왁싱(Waxing)을 받아보았는지 첫 번째 질문을 합니다.
왁싱(Waxing)이 처음인지 다른 숍에서 받은 적이 있는지 또는 레이저 제모나 셀프 제모를 했는지 등 여러 가지 경우의 수들이 많습니다.
다른 숍에서 받고 오셨을 경우 리터치를 할 수 있는 주기가 되었는지 날짜를 확인하고 관리를 진행합니다. 레이저 제모를 받았을 경우 면도기를 사용한 후로 모가 짧아 트위징(족집게 사용)을 많이 했을 것입니다.
이러한 경우 레이저와 왁싱(Waxing)의 병행 주기를 정확하게 설명하고 모가 짧은 부분은 트위징(족집게 사용)이 많아서 통증 빈도 및 소요 시간이 길어지므로 고객에게 사전에 안내하고 관리를 시작해야 합니다. 또한, 셀프 왁싱(Waxing)을 하고 오셨을 경우 전문가가 아니기 때문에 미숙하지 못한 방법으로 텐션을 주지 못하여 왁스를 제거했을 때 멍이 든다거나 스킨 탈락이 날 수 있어 상처가 발생되는 경우가 많습니다.
이러한 경우에는 고객 차트 및 동의서를 작성하며 문진이나 견진을 통해 피부 상태를 충분히 파악해야 합니다. 관리 전에 고객 차트 및 동의서를 작성하여 올바른 관리 방법 안내와 관리 후 트러블에 유의해야 하는 고객의 협조가 필요하다는 중요한 정보를 고객에게 제공합니다. 뿐만 아니라 왁싱(Waxing) 후 섬세하고 위생적인 홈케어와 관리 방법을 조언하는 것이 바람직합니다.

3.
왁싱 후 홈케어 조언
Home care

1 인그로운 헤어 및 피부상태 관리

인그로운 헤어

- 왁싱(Waxing)에서 제일 중요한 홈케어 관리는 인그로운 헤어입니다. 인그로운 헤어는 새로 자라나는 모가 각질층이 두꺼워 뚫지 못하고 안에서 동그랗게 자라나는 것을 말합니다. 국소 부위에 통증이 동반되기도 하며 농이 차 있을 수도 있습니다.
- 또한, 아물면서 색소침착이 나타나 외관상으로도 상당히 신경쓰이는데 이를 방지하기 위해서는 일주일에 2~3회 정도 브라질리언 전용 스크럽을 사용하여 각질층을 녹인 후 보습제를 충분히 발라주어야 합니다.
- 한 달 동안 모가 자라나기 때문에 4주간 각질관리와 보습관리는 선택이 아니라 필수로 해야 합니다.

피부상태 관리

- 왁싱(Waxing) 후 약 2~3일 동안은 모공이 열려 있는데 이때 수영장, 사우나, 헬스, 태닝, 물리적인 마찰 등 세균감염이 있는 장소와 행위는 피하는 것이 좋습니다.
- 가급적 세균이 많은 것을 손으로 만지는 행동은 최대한 피해야 합니다. 수영장이나 사우나, 헬스 같은 경우 공공시설에서 사용하는 비위생적인 물과 다른 사람이 입던 공용옷, 그리고 땀을 빼는 행위 등은 충분히 감염될 수 있기 때문에 주의해야 합니다.
- 태닝같은 경우 1차적으로 왁싱(Waxing) 후 예민해진 피부 상태에 2차로 자외선으로 피부를 그을릴 경우 색소침착이 생길 수 있을 뿐만 아니라 피부노화도 유의해야 합니다.
- 왁싱(Waxing) 후 물리적인 마찰이 발생될 경우에는 땀과 노폐물 등으로 인해 모낭염이 생길 수 있습니다.

주 왁싱(숍) & 경남 김해 왁싱교육인증센터

임현주 원장님

1.
왁싱숍 소개
Introduction

경남 김해시에서 '주 왁싱숍'을 운영하고 있는 임현주 원장입니다. 고객의 입장으로 왁싱(Waxing)을 처음 접해 본 이후 왁싱(Waxing)에 대한 궁금증과 호기심이 생겨 왁싱(Waxing)을 공부하여 배움을 나누어 주고 있습니다.

왁싱(Waxing)은 제 인생의 터닝포인트가 되었습니다. 저는 2015년 왁싱숍을 오픈하였고 왁싱(Waxing), 스킨플래닝, 반영구 화장을 시술하고 있습니다. 'KBEI 왁싱(Waxing)전문가 1급/2급 자격증'을 보유하고 있으며 '한국미용기능경기대회' 수상이력이 있습니다. 현재는 '주 왁싱숍' 운영에 집중하고 있습니다.

2.
왁싱숍 노하우
Know-how

☐ 고객응대 방법

고객은 왁싱(Waxing)이 처음인 신규 고객과 기존 고객으로 구분할 수 있습니다.

신규 고객	• 신규 고객의 경우 왁싱(Waxing) 미경험 고객과 경험 고객으로 나누어지며 숍 방문이 처음인만큼 꼼꼼한 설명과 고객의 이해도를 높일수 있는 상담이 필수 적입니다. • 우리숍의 특징적인 왁싱(Waxing) 프로그램을 설명하고 콜라보가 가능한 시술을 추천할 수도 있으며 상담 시 고객차트를 작성하며 피부타입, 복용 중인 약, 피부질환, 피부체질 등 고객의 상태를 파악할 수 있습니다. 상담을 통해 왁싱(Waxing) 시술이 가능한지의 여부를 파악할 수 있으며 왁싱(Waxing)에 대한 고객의 이해도를 높일 수 있습니다.

기존 고객	• 기존 고객의 경우 우리 숍을 선택하여 꾸준히 방문하고 있는 고객님입니다.
	• 왁싱(Waxing) 후의 변화를 기록하여 효과가 나타나고 있다는 것을 확인해 주는 후케어 프로그램을 보여드리면 왁싱(Waxing)의 만족도가 높아집니다.
	• 실제로 모가 얇아지고 줄어드는 효과를 체감하지 못하다 1회차 사진을 보여주면 확실하게 효과를 느끼는 고객이 많습니다. 사진의 기록으로 효과를 증명하는 방법이 확실한 피드백입니다.
	• 기존 고객은 꾸준한 왁싱(Waxing)으로 후케어 관리에 소홀해질 수 있기 때문에 숍 방문 시마다 후케어 관리와 인그로운 헤어 방지를 위한 케어방법을 안내해 주는 것이 좋습니다.

2 마케팅

SNS 마케팅	• 고객과 시대의 트렌드에 맞는 마케팅 홍보가 중요합니다.
	• SNS 마케팅으로 특색 없이 통일성 없이 전·후 사진을 올리기보다 계정 피드의 전체적인 색감을 맞추고 고객의 입장에서 계정 전·후 사진을 보았을 때 피부 컬러의 통일감이 있고 후기사진이 고객의 눈을 끌 수 있어야 합니다.
	• 사진의 구도, 과하지 않은 피부톤 보정 등 후기사진이 많이 준비되어 있을수록 SNS 마케팅의 기회가 많아집니다.

| 블로그, 카페, 유튜브 | • SNS를 하지 않는 고객도 있기 때문에 블로그, 카페, 유튜브 등 접근성이 많은 플랫폼을 2~3개 선택하여 꾸준히 업로드하고 소통하여 홍보효과를 높일 수 있습니다. 저의 노하우가 많은 분들께 유익한 정보가 되었으면 좋겠습니다. |

3 페이스 왁싱 실전 테크닉

페이스 왁싱(Waxing)은 하드 왁스를 사용합니다. 캐론랩 필름 왁스를 메인 왁스로 사용하며 피부 타입과 부위에 따라 브로우바도 왁스와 스트로베리 하드 왁스를 교차로 사용합니다. 풀페이스 왁싱(Waxing) 시술 시 얼굴의 중심이 되는 '헤어라인과 눈썹'을 중심으로 디자인을 합니다. 전체적인 비율이 조화로울 수 있도록 디자인을 하기 위해서 가장 중요하다고 생각하는 부분이 헤어라인과 눈썹이기 때문입니다.

헤어라인 왁싱 디자인	• 헤어라인 왁싱(Waxing) 디자인은 너무 넓지 않고 좁지 않게 고객님들의 얼굴 비율에 따라 디자인 후 불필요한 헤어를 왁싱(Waxing)합니다.
	• 이마가 좁아 확장을 원하는 경우는 첫 시술에서 많은 확장을 하지 않고 여유 있게 회차를 두고 조금씩 조금씩 넓혀가도록 합니다.
	• 한 번에 많은 이마 확장을 하면 어색함과 거부감이 들 수 있기 때문입니다.

눈썹 왁싱 디자인	• 눈썹 왁싱(Waxing) 디자인은 얼굴형과 기존 눈썹의 모양을 파악한 뒤 어울리는 모양으로 디자인합니다. 여성 고객님은 세미아치 눈썹, 남성 고객님은 일자 눈썹이 잘 어우러지는 보편적인 디자인이지만 고객님의 취향, 기존 눈썹의 모양을 고려해 시술자가 잘 어울리는 디자인을 찾아주는 센스가 있어야 합니다. • 눈썹 메이크업을 어려워하는 고객님을 위해 브로우 메이크업 방법을 시연하면 고객님의 만족도가 높아집니다.
볼·인중 왁싱	• 볼과 인중은 잔모와 솜털 위주의 모질이기 때문에 왁스가 모에 잘 밀착되어 끊김없이 제모하는 것이 중요합니다. • 기본 왁싱(Waxing) 방법인 모가 자라난 방향으로 왁스를 도포하고 반대 방향으로 패치를 제거하고 다시 한번 역방향으로 왁스를 도포하고 패치를 제거하는 방법으로 끊김과 잔모 걱정없이 깔끔한 왁싱(Waxing)을 할 수 있습니다. • 특히, 인중 왁싱(Waxing)은 역방향 도포방법이 깨끗한 왁싱(Waxing)과 시술 시간 단축의 효과가 큰 부위입니다.
남자수염 + 구레나룻 왁싱	• 남성 고객님들의 경우 수염 왁싱(Waxing) 시 구레나룻 디자인을 꼭 신경써야 합니다. • 구레나룻의 1mm의 차이도 옆모습에 큰 영향을 주기 때문에 고객님의 취향을 파악해 충분한 상담 후 디자인을 합니다. • 수염 왁싱(Waxing)은 너무 짧지 않게 0.5cm 이상 길러서 와야 한다는 점을 상담 시에 꼭 안내하고 예약을 해야 합니다. • 수염의 모가 굉장히 억세고 튼튼한 경우 스팀타월을 이용한 온찜질을 5~10분 정도 해주면 피부와 모가 유연해져 왁싱(Waxing)에 도움이 됩니다.(스팀타월 후 남은 수분을 완전히 제거 후 왁싱함) • 수염 왁싱(Waxing) 후 트러블이 생길 수 있는 부분을 꼭 미리 안내하고 후케어 방법까지 안내하는 것은 필수입니다.
여성 구레나룻 + 뒷목 왁싱	• 여성 고객님의 구레나룻은 약한 모질이지만 두껍고 진한 모질의 고객님들도 있습니다. 이런 케이스의 고객님들은 대부분이 뒷목 잔모와 구레나룻이 연결되어 있습니다. • 구레나룻만 왁싱(Waxing)하면 뒷목 잔모와 경계선이 생기기 때문에 구레나룻와 뒷목을 같이 왁싱(Waxing)하는 것을 추천드립니다.
페이스 왁싱과 스킨플래닝의 콜라보레이션	• 페이스 왁싱(Waxing) 시 피부가 연약한 부분은 스킨 탈락, 자극 등의 이유로 왁싱(Waxing) 패치를 도포하고 제거하기가 까다로울 수 있습니다. • 피부가 얇고 연약한 타입의 고객님은 모가 두꺼운 헤어라인, 눈썹, 인중은 왁싱(Waxing)으로 관리합니다. • 나머지 부분은 스킨플래닝으로 관리하면 피부자극을 최소화하고 깨끗한 피부로 관리가 가능하기 때문에 고객님의 만족도가 높아집니다.

4 바디 왁싱 실전 테크닉

바디 왁싱(Waxing) 시 팔, 다리, 상반신은 스트립 왁스, 겨드랑이는 하드 왁스를 사용합니다. 상반신과 배레나룻은 스트립 왁스와 하드 왁스를 교차로 사용하거나 모질과 양에 따라 왁스를 선택하여 단독 사용하기도 합니다.

| 팔·다리 왁싱 | • 다리 왁싱(Waxing)은 기본적으로 스트립 왁스를 사용하며 저의 경우 바디 왁싱(Waxing)은 텐션을 가장 중요하게 생각합니다.
• 종아리 뒷부분은 왁스 도포가 두꺼우면 스킨 탈락이 생길 수 있습니다.
• 팔 안쪽의 얇은 피부도 스킨 탈락이 생길 수 있기 때문에 스킨 탈락의 예방으로는 애프터오일로 피부를 코팅하는 방법도 있지만 제모력을 떨어트릴 수 있습니다.
• 스킨 탈락이 생기지 않도록 하기 위해 밀착과 얇은 왁스 도포를 중점으로 시술합니다. |

5 브라질리언 왁싱 실전 테크닉

온도, 텐션, 전·후처리를 가장 신경써야 하는 부위입니다. 예민한 부위이기 때문에 온도를 가장 신경써야 하고, 텐션도 신경써야 합니다. 왁싱(Waxing) 후 후관리가 잘 되지 않으면 인그로운 헤어가 잘 생길 수 있는 부위이기 때문에 고객님께 후관리 방법과 주의 사항 전달을 필수적으로 안내해야 합니다.

| 브라질리언 왁싱 | • 브라질리언 왁싱(Waxing)의 디자인은 올누드 디자인이 가장 인기있는 디자인이며 삼각모양을 살리는 타입도 인기가 있습니다.
• 이벤트적인 디자인으로는 하트, 동그라미, 직사각형 등의 디자인이 있습니다. 위생과 청결을 위한 시술부위인 만큼 왁싱(Waxing) 후 홈케어 안내를 필수적으로 안내해야 합니다. |

3. 왁싱 후 홈케어 조언
Home care

1 부위별 주의 사항과 홈케어 관리방법 안내

왁싱(Waxing) 시술 전 상담 시 부위별 주의 사항과 홈케어 관리방법을 꼭 안내하고 문자·카톡으로도 전송해 수시로 볼 수 있도록 자료를 제공합니다. 왁싱(Waxing) 후 2~3일 정도는 피부의 모공이 열려 있는 상태이기 때문에 2차 감염에 주의해야 하며 미온수로 가벼운 세안, 물샤워를 하고 2~3일 정도는 대중탕, 사우나, 땀이 많이 나는 격한 운동을 피해주어야 합니다. 왁싱(Waxing) 후 인그로운 헤어 방지를 위해 범프이레이저 세럼, 캐론랩 전용 스크럽으로 각질관리를 해주고 각질케어 후 알로에 진정젤, 애프터 수딩로션으로 보습관리에 신경 써주셔야 합니다.

왁싱(Waxing) 후 2차 감염으로 인한 모낭염이 생길 수 있는 부분도 꼭 안내하여 고객님 스스로 후관리 위생에 신경쓸 수 있도록 합니다.

인그로운 헤어 대처방법	• 인그로운 헤어란 피부에 각질이 쌓여 새로 자라는 모가 각질을 뚫고 나오지 못해 피부 속에서 자라나게 되어 염증과 착색을 일으킬 수 있는 현상입니다. • 왁싱(Waxing)을 하면 인그로운 헤어가 무조건 생기는 것은 아니며 자연적으 로 생길 수도 있고 곱슬이 심할 경우 인그로운 헤어가 생길 확률이 조금 더 높습니다. • 인그로운 헤어를 방지하기 위해서 천연 과일산 성분이 함유된 캐론랩 범프 이레이져 세럼을 추천드립니다. 각질케어와 영양공급, 홍조현상, 발적, 가려 움까지 한 번에 잡을 수 있습니다.
트러블 대처방법	• 왁싱(Waxing) 후 트러블(모낭염이 생기는 경우)은 열려 있는 모공의 2차 감 염으로 고객의 컨디션, 아토피, 면역력 저하 등의 이유가 있습니다. • 왁싱(Waxing) 후 홈케어를 잘 해 주는 것이 가장 좋은 방법이지만 모낭염이 발생하였을 때에는 무피로신성분의 연고(후시딘, 에스로반 연고)를 1일 3회 정도 얇게 피부에 발라수면 모낭염 진정에 효과를 볼 수 있습니다. • 절대 손으로 짜지 말고 연고를 처방·구매하여 관리해 주셔야 합니다. • 인그로운 헤어와 트러블 방지를 위해 홈케어 제품을 꾸준히 사용하면 예방에 큰 도움이 됩니다.

모데이 왁싱(숍) & 경기 화성 왁싱교육인증센터 김시은 원장님

1.
왁싱숍
소개
Introduction

경기 화성동탄에 위치한 '모데이 왁싱숍'과 '모데이 왁싱아카데미'를 운영하고 있는 김시은 원장입니다. 13년 전 미용학원에서 강사로 여정을 시작하여, 현재는 5년째 왁싱 전문점을 운영하고 있습니다.

저희 숍에는 왁싱에 특화된 전문적인 서비스를 제공하는 4명의 왁서 선생님들이 함께 일하고 있습니다. 그들의 전문성과 함께 저희는 왁싱 분야에서 선두주자로서의 위치를 공고히 하고 있습니다. 또한, 숍 운영과 병행해 '모데이 왁싱아카데미'를 통해 왁싱에 대한 교육과 세미나를 진행하고 있으며, 이 공간에서는 왁싱에 대한 깊이 있는 이해와 기술을 배울 수 있도록 지원하고 있습니다.

'모데이 왁싱숍'은 왁싱에 대한 전문성을 바탕으로 고객님들에게 최상의 서비스를 제공하고 있으며 고객님의 요구사항을 완벽하게 이해하고 충족시키는 것에서 시작됩니다. 그래서 저희는 모든 고객님께 왁싱 시술 전 선 상담을 필수로 진행하고 있습니다. 이 상담을 통해 고객님이 원하는 케어에 대한 상세한 내용을 파악하고, 왁싱의 장점과 시술 후의 케어 방법에 대해 설명합니다.

또한, 고객님이 현재 복용 중인 약이 있거나, 왁싱 시술 부위에 레이저 또는 미용시술을 받고 있다면 왁싱 시 발생할 수 있는 부작용이나 피부 손상에 대해서도 충분히 설명합니다. 이는 고객님이 안전하게 시술을 받을 수 있도록 하기 위한 저희의 의무입니다. 이에 따라 고객님이 스스로 주의 사항과 부작용, 금기 사항을 알고 이해할 수 있도록 상담지를 작성합니다.

뿐만 아니라, 저희 숍은 청결에 대한 엄격한 기준을 가지고 있습니다. 고객님이 저희 숍에 들어오는 순간부터 숍의 청결 상태는 고객님의 첫인상을 결정짓는 중요한 요소이기 때문입니다. 따라서 숍 내부의 청결 상태, 바닥, 관리 도구, 그리고 모든 왁서의 개인 위생에 대해 철저히 관리하고 있습니다.

2.
왁싱숍
노하우
Know-how

① 통증을 줄이는 방법

왁싱에 익숙한 분들이라면 대부분 알고 있겠지만, 각 개인의 모의 방향, 굵기, 밀도는 다르며, 통증도 역시 개인차가 있습니다. 어떤 고객님은 왁싱이 '아프다'고 느끼며, 또 다른 고객님은 그렇지 않다고 느낍니다. 통증에 대한 인식은 개인마다, 심지어 같은 고객님이 여러 차례 방문해도 다를 수 있습니다. 특히, 첫 왁싱을 경험하는 고객님들은 긴장감으로 인해 잠을 못 이루는 경우도 많아, 저희는 이러한 고객님들의 통증을 최소화하기 위해 끊임없이 프로그램 개발에 노력을 기울이고 있습니다. 왁싱은 개인의 체질과 상태에 따라 느낌이 천차만별이기 때문에 저희는 각 고객님의 상황을 세심히 고려하여 최적의 서비스를 제공하고자 합니다.

아이스 쿨링

- 통증을 줄이는 방법 중 저희가 제공하는 주요 서비스 중 첫 번째는 '아이스 쿨링'입니다.
- 왁싱 후 발생할 수 있는 통증을 즉시 완화해 주는 데 뛰어난 효과를 보이는 이 서비스는 피부가 화끈거리거나 붉어짐을 줄이는 데도 효과적입니다. 그래서 저희는 모든 왁싱 시술 후에 아이스 쿨링 진정케어를 함께 진행하고 있습니다.
- 고객님마다 피부의 온도점이 다르고, 아이스 쿨링 진정케어 방법도 다양하므로 고객님의 피부 상태와 온도점에 가장 잘 맞는 방식으로 아이스 쿨링을 맞춤화하여 진행합니다. 이를 통해 고객님께 가장 효과적인 진정케어를 제공하고자 합니다.

② 담당 왁서제도

고객 개개인에게 최상의 서비스를 제공하기 위해 '담당 왁서 책임제'를 도입하고 있습니다. 저희 숍에는 여러 명의 왁서가 상주하고 있어, 고객님의 선호나 요구에 맞춰 일관된 서비스를 제공할 수 있습니다.

브라질리언 왁싱이나 페이스 왁싱과 같이 개인적인 성향이나 디자인이 개입되는 서비스에서는 고객님이 동일한 왁서에게 지속적으로 서비스를 받음으로써 불편함이나 부담감을 최소화할 수 있습니다. 저희는 고객님이 지정한 왁서가 상담부터 시술, 그리고 후속 케어까지 책임지도록 하여 고객님께 가장 집중적인 케어를 제공하고 있습니다. 이는 고객님의 피부 상태와 성장 패턴을 정밀하게 파악하고, 개인 맞춤형 케어를 제공하며 고객님의 변화 과정을 함께 공유하고 홈케어에 대한 협조도 높일 수 있는 방식입니다.

'담당 왁서 책임제' 방식은 숍 입장에서는 완벽하게 이상적인 방법이라고 말하기는 어렵지만, 고객님 입장에서 보았을 때 동일한 왁서가 책임감을 가지고 서비스를 제공하는 것이 큰 장점이라고 판단하여 이렇게 운영하게 되었습니다. 담당 왁서 책임제 방식은 고객님의 만족도를 높이는 데 크게 기여하고 있습니다.

③ 컴플레인 적은 숍

동탄에서 운영되고 있다는 사실에 대해 '동탄은 어렵지 않나요?'라는 질문을 하는 분들이 많이 있습니다. 이는 주로 맘카페와 같은 커뮤니티에서 이슈가 되는 부분인데, 사실 저희 숍은 고객님들의 높은 만족도를 바탕으로 거의 컴플레인이 없는 상태입니다.

저희는 왁싱 서비스를 제공함에 있어 충분한 상담을 통해 고객님들이 왁싱 후 발생할 수 있는 피부 트러블 등을 이해할 수 있도록 돕고 있습니다. 또한, 왁싱 후에 나타날 수 있는 부작용을 최소화하거나 방지하는 방법에 대해 모든 고객님께 필수적으로 안내하며, 홈케어를 잊지 않도록 2차, 3차 안내 메시지를 발송하는 등 최선의 노력을 기울이고 있습니다.

물론, 모든 고객님들이 왁싱 후 완벽하게 만족하는 것은 아닙니다. 이런 경우에는 다음과 같은 절차를 통해 고객님의 불편함을 최소화하고자 노력하고 있습니다.

고객님의 불편 최소화하는 절차

- 고객님의 불편함에 대한 내용을 충분히 경청합니다. 이를 통해 고객님의 불편한 점이 무엇인지 정확하게 파악하려고 합니다.
- 고객님께서 불편함을 느꼈다면 이 사실에 대해 이해하고 공감합니다. 실제로 시술적인 문제가 없었다 하더라도, "고객님께서 그렇게 느끼셨다면, 제가 충분히 설명하지 못한 것 같습니다."라는 식으로 고객님의 마음을 열기 위한 노력을 합니다. 왜 그런 불편함을 느끼게 되었는지에 대해 다시 한번 상세하게 안내해드립니다.
- 불편함을 해소하기 위한 다양한 방법을 제안합니다. 예를 들어, 숍에서 제공할 수 있는 전문적인 관리를 제안하거나, 왁싱 시술 후 집에서 따라할 수 있는 홈케어 방법을 상세히 안내합니다.
- 왁싱 시 왁서의 잘못이 없었더라도 고객님의 불편함을 최소화하기 위해 무상으로 진정케어를 제공하기도 합니다.

저희는 불만을 표현한 고객님들이 다시 찾아올 때, 동일한 불편함이 재발하지 않도록 피부 상태를 세심하게 분석하고 관리합니다. 이를 통해 고객님과의 신뢰를 회복하고, 불만을 표현하던 고객님도 결국 만족하는 고객이 되어 저희 '모데이 왁싱숍'을 다른 분들에게 추천하는 경우가 많습니다. 이처럼, 저희는 고객님의 불만을 반영하여 서비스를 개선하고, 고객님과의 신뢰 관계를 지속적으로 유지하는 데 최선을 다하고 있습니다. 또한 관리 전에 고객차트 및 동의서를 작성하여 올바른 관리 방법을 안내합니다. 관리 후 트러블에 유의해야 하기 때문에 고객의 협조가 꼭 필요하다는 중요한 정보를 고객에게 제공합니다. 뿐만 아니라 왁싱(Waxing) 후 섬세하고 위생적인 홈케어 및 관리 방법을 조언하는 것도 실천하고 있습니다.

클뷰티 왁싱(숍) & 서울 잠실 왁싱교육인증센터 김보령 원장님

1.
왁싱숍
소개
Introduction

저는 서울시 송파구에서 '클뷰티 왁싱숍'을 운영하는 대표원장 김보령 원장입니다. 고등학교때부터 미용일을 접하면서 미용 자격증을 취득하였고, 대학교까지 관련된 분야로 졸업한 뒤 웰X 두피탈모센터에서 관리사에서부터 상담실장까지 하게 되었습니다.

모에 관련된 분야이다 보니 왁싱(Waxing), 스킨플래닝, 속눈썹 모두 배우고 싶어서 한가지씩 완벽해질 때까지 배우게 되었습니다. 간단하게 아카데미에서 배우고 창업한 것이 아니고 취업에서 숍을 차릴 때까지 시간이 많이 걸렸습니다.

미용업계에서 다방면으로 일을 해왔기 때문에 제가 운영하는 숍에서 왁싱(Waxing) , 피부관리 , 속눈썹 분야를 시술하고 수강하고 있으며 , 지역 내에서 높은 인지도가 있는 상위권 뷰티숍으로 자리 잡았습니다. 현재 왁싱(Waxing), 피부 관리, 속눈썹 수강을 통해 개인 교육도 함께 진행하고 있습니다.

2.
왁싱숍 노하우
Know-how

1 창업 컨설팅

퍼스널 브랜드

- 브랜드 가치를 만들기 위해서는 단 하나뿐인 퍼스널 브랜딩을 해야 한다는 사실을 알고 자기만의 퍼스널 브랜드 가지기를 원합니다.
- '모방의 시작은 창조'라며 사람들은 모방을 하기 시작합니다. 하지만 그렇게 되면 '퍼스널 브랜딩'이라는 핵심과는 점점 멀어지게 됨을 알고 있기 때문에 많은 책들을 읽는 것이 좋습니다.
- 스스로의 강점과 약점을 인지하는 것이 퍼스널 브랜딩에서 매우 중요한 부분이며, 어떤 부분을 강점으로 최적화시켜 브랜딩화 할지에 대한 전략을 고민해야 합니다.

실질적인 다수의 경험

- '클뷰티 왁싱숍'이 수강을 잘 이어오고 있는 이유는 현장기록 및 다수의 경험을 토대로 수강자들에게 현직에서의 상황을 실질적으로 알려주고 느끼게 해주고 있기 때문입니다.
- 비즈니스 세계에서 실력자들이 모두 아는 사실은 '현장에 답이 있다'라고 하는 것입니다. 그것을 15년 정도 먼저 겪고 노하우를 편집하여 수강자들에게 공유하고 있기 때문에 '클뷰티 왁싱숍'의 수강생분들은 리스크없이 창업하는 비율이 높고 또한 성공하고 있는 것 같습니다.

정보를 공유하는 시대

- 이제는 '라떼는 말이야' 라는 말을 해 주는 것이 아니고 '나는 이렇게 해 보니 좋았다' 라고 안내하고 공유해 주는 시스템을 도입하였습니다. 지금은 꽁꽁 숨겨놓는 시대가 아니라 공유하는 시대로 세상이 이루어지고 있기 때문에 서로 좋은 정보를 알려주고 성공시켜서 스스로의 자신 또한 더 성장하게 되는 기회가 되고 있습니다.
- 항상 긍정적인 영향력을 제시하고 늘 고민하고 문제점에 대한 해결책을 연구하며 소통하려 노력하다 보니 이같이 선한 영향력을 발휘할 수 있게 되었고, 정확한 지식과 정보전달은 물론 그들에게 비전을 제시하며 인생의 터닝 포인트를 만들어 줄 수 있다라고 생각하게 되어 저의 모든 것을 전달하기도 합니다.

2 대표적인 상품

왁싱

- 저의 대표적인 상품은 '왁싱(Waxing)'입니다. 저만의 기술력을 가지는 것이 첫 번째로 중요한 일이었습니다. 또한, 그 상품(왁싱)으로 사람의 마음을 움직이는 데 끊임없이 저를 어필하며 그들과 교류하면서 진심을 보여주었던 것 같습니다. 너무나도 피나는 노력을 했기 때문에 '클뷰티 왁싱숍'에서 저만의 독보적인 노하우를 키워갈 수 있었고, 상담스킬, 고객관리 응대, 창업컨설팅, 기술력이 있으니 상품화시킬 수 있는 가능성도 컸던 것 같습니다.
- 창업수강이 아닌 그냥 기술력만 가지고 숍을 운영하기에는 리스크가 너무 크고 제가 다칠 수 있는 부분들도 크다는 생각이 들었습니다.

기본기의 탄탄함	• 대표적인 상품의 기술력은 창업에 대한 기본이며, 기본기의 탄탄함은 누구나 가지고 있어야 한다고 생각합니다.
	• 기본기의 탄탄함은 가지고, 자연스럽게 자기만의 강점이자 남들과의 차별점을 파악해야 합니다.
	• 약점을 보완하기보다는 강점을 극대화시키는 것에 집중한다면 남들과는 더욱 차별화된 시스템을 갖출 수 있다고 생각합니다.
	• 남들에게 보여지는 외형만 다듬기보다는 사람들에게 어떻게 생각을 알리고 자기다운 행동으로 어필할지가 더 중요한 부분입니다.

3 고객상담

충분한 상담	• 모든 미용 시술 전·후에 고객의 정보와 피부 상태를 충분히 파악하고 상담한 뒤 시술을 해야 합니다. 먼저 말하면 예방이 되지만 후에 말하면 변명이 된다고 생각합니다. 시술 전에 피부시술을 받았는지? 각질제거를 한 적이 있는지? 섬세하게 체크를 하고 시술을 진행한다면 스킨 탈락의 위험을 줄일 수 있습니다.
	• 시술 이후에는 당일에는 미지근한 물로 샤워해야 하고 찬물, 뜨거운 물, 세정제는 피하는 게 좋습니다. 각질층이 제거되어 있어 3일 동안은 수영장, 사우나, 운동, 태닝, 피부시술, 잠자리는 피하는 것이 좋습니다.
	• 만약에 꼭 해야 하는 경우가 있다면 상담을 통해 예방할 수 있는 부분을 알려주는 것이 고객상담의 요점입니다.

4 왁싱의 종류

왁싱(Waxing)이란 한마디로 신체에 불필요한 부분의 모를 제거하는 것이라고 네이버 지식인에 나와 있습니다. 왁싱(Waxing)은 제모 역할과 동시에 피부 겉면에 쌓인 각질층을 탈락시키기 때문에 한결 매끄럽고 깨끗한 피부를 만들 수 있습니다. 지속적인 왁싱(Waxing)을 통해서 모의 성장을 지연시키고 숱의 모량을 감소시키는 것을 느낄 수 있습니다.

왁싱(Waxing)에는 하드 왁싱(Waxing) , 스트립 왁싱(Waxing), 슈가링 왁싱(Waxing)의 여러 가지 제형 형태가 있습니다.

하드 왁싱	• 하드 왁싱(Waxing)은 설압자를 이용하여 모의 방향을 읽고 소량씩 발라서 시술합니다. 모의 방향대로 바르지 못하는 상황이 올 경우 방향을 돌려서 바르는 방법도 있습니다.
	• 이 방법을 터득한다면 어떤 상황이 와도 어렵지 않을 것입니다. 반복적으로 같은 부위를 시술했을 때 스킨 탈락이 될 위험이 있으므로 같은 부위를 여러 차례 반복 시술하지 않습니다.
	• 여러 차례 반복 시술을 해야 할 수 밖에 없다면 오일 전처리를 해주고 재시술을 해주면 스킨 탈락의 위험을 줄일 수 있습니다.

스트립 왁싱	• 스트립 왁싱(Waxing) 같은 경우는 넓고 긴 부위에 적용할 수 있으며, 점성 자체가 높기 때문에 설압자 사이드를 이용하여 균일하게 도포해 준 뒤 스트립 천을 이용하여 제거합니다.
	• 이 또한 모의 방향대로 바르고 반대 방향대로 떼어줍니다. 밀착을 잘 해야지 모의 끊김이 없으며 두껍게 바르게 될 경우 붉어짐이나 스킨 탈락이 생길 수 있습니다.
슈가링 왁싱	• 온도에 예민한 고객님들께 사용하기 적합하며 모의 반대 방향으로 바르고 정방향대로 떼는 시술 방법입니다.
	• 텐션이나 적합한 형태로 시술하지 않을 경우 끈적거림이 발생하며 손의 유연함이 있어야 시술이 편리합니다.
	• 왁스가 물에 녹기 때문에 잘못 시술했을 경우 수정이 가능한 편의성이 있습니다.

5 스틱 돌리는 방법

하드 왁싱	• 하드 왁싱(Waxing)을 진행할 때는 연필 잡듯이 스틱을 잡은 뒤 왁스의 잔여물이 흐르지 않도록 스틱을 가슴방향으로 향해 여러 차례 돌려주는 것을 연습합니다.
	• 왁스를 풀 때에는 내가 시술할 부위를 생각하고 시술할 부위만큼 계산하여 뜨게 됩니다. 숍마다 사용하는 방법이 다르겠지만, '클뷰티'에서는 엄지손가락 두 마디 정도의 시술 부위를 정하고 엄지손톱 정도의 왁스를 푼 다음 도포하여 시술합니다.
	• 시술의 양을 적게 잡을 경우 고통이 줄어들게 되며, 스틱을 빨리 돌릴수록 잔여물이 흐르지 않기 때문에 주변을 깨끗하게 유지하며 시술할 수 있습니다.
	• 하드 왁스를 바를 때는 부위별로 사이드, 헤드 부위를 이용하여 시술합니다.
스트립 왁싱	• 스트립 왁싱(Waxing)을 진행할 때는 주먹을 쥐고 스틱을 잡은 뒤 새끼손가락에서 엄지손가락 쪽으로 돌리는 것을 연습합니다.
	• 왁스를 뜰 때에는 스틱의 1/2 정도 뜬 상태에서 돌리게 되면 이 또한 잔여물이 흐르거나 한쪽으로 쏠리지 않을 수가 있습니다. 그 상태에서 사이드 부분을 이용하여 모의 방향대로 바르며 스트립 천을 이용하여 반대 방향으로 뗍니다.
	• 헤드부분을 이용해서 바르게 될 경우 두껍게 발릴 수 있고, 한 부위에 몰리게 될 수 있으니 사이드 부분을 이용하여 시술하는 것이 좋습니다.

6 스파츌라

스파츌라는 3가지의 종류가 있으며 바디 스파츌라, 브로우 스파츌라, 패들팝 스파츌라가 있습니다. 페이스 같은 경우 브로우, 패들팝을 이용해 시술하게 되면 작고 좁은 부위를 소량의 왁스만 사용하여 시술이 가능합니다.

7 불만 고객 응대 방법

왁싱(Waxing)을 하고 집에 가서 보면 남은 모들을 본 적이 있을 것입니다. 족집게로 정말 열심히 해준 것 같은데 남아 있다면 생각해야 할 부분은 '왁싱(Waxing) 받았을 때 긴장을 했는지'를 체크해 보는 것이 좋습니다.

긴장한 상태에 따라서 모들도 같이 긴장하기 때문에 한 번에 제거가 안 되었을 경우 모들이 피부 속으로 숨었다가 집에 가서 진정이 되면 숨어 있던 모들이 밖으로 나올 수 있습니다. 이런 부분들을 고객님께 설명해 주면 이 부분을 이해한 고객님에 한해서는 컴플레인이 없는 경우가 많습니다.

8 원활한 상담

상담을 원활하게 하는 꿀팁은 '먼저 말하면 예방이 된다'입니다. 그러므로 상담을 할 때는 사소한 부분까지도 먼저 말해주는 것이 좋습니다. 왁싱(Waxing) 같은 경우 모만 제거되는 것이 아니라 각질층까지 같이 제거되는 것이기 때문에 피부의 건조함이 생겨 일시적으로 가려움증이나 붉음증을 유발할 수 있습니다. 그 상태에서 긁거나 만지게 되면 2차 감염 트러블이 생길 수 있습니다.

트러블이 생기지 않게 보습관리는 충분히 해주어야 하며, 시술 부위는 3일 동안 최대한 건들이거나 만지는 행동은 피해주는 것이 좋습니다. 이러한 모든 상황들을 고객님께 설명했음에도 불가피한 컴플레인이 들어온다면 무조건 숍에 방문할 수 있게 유도한 뒤, 고객님의 피부 상태를 육안으로 확인하고 고객님의 이야기를 들어주는 것이 중요합니다. 유선상으로 이야기 1시간 하는 것보다 한번 방문하게 해서 육안으로 전문적인 왁서가 확인을 하고 설명해 준다면 고객들 또한 감사한 마음을 가지게 될 것입니다.

한 가지의 컴플레인을 피하고자 대처한다면 그 한 가지가 여러 가지의 일들로 겹치게 될 확률이 크니 불씨가 작을 때 케어하고 대처하도록 합니다.

9 SNS 마케팅

마케팅 같은 경우에는 오프라인에서 매장 홍보를 전략적으로 할 수 있고, 하루에 투자한 시간대비 매출상승률이 높습니다. '팔로워'나 '좋아요'를 구매하는 것은 오히려 계정지수를 떨어트리는 경우가 생길 수 있습니다.

게시물	• 자신의 게시물로 사람들의 시선을 사로잡는 콘텐츠를 해 주는 것이 좋습니다. • 게시물 같은 경우 상품 외에 뒷배경을 단순화시켜주는 것이 좋습니다. • 자신이 갈피를 잘 못 잡을 것 같은 경우에는 많은 게시물을 보고 나서 자신이라면 '어떤 것을 누르고 싶은지?' '누구와 팔로우를 하고 싶은지?' 자신이 고객이라고 생각했을 때 '어떤 것을 검색할 것인지?' 검색 이후에는 '어떤 것을 볼 건지?'를 생각한다면 답이 쉽게 나올 것이라고 생각이 듭니다. • 그것도 잘 모르겠다면 지인들에게 "네가 왁싱(Waxing)을 받는다라고 하면 어떤 것을 검색하고 싶어?" 라고 물어본 뒤 해시태그할 때 도움을 받을 수 있습니다. • 해시태그는 본문에 사용하는 것이 좋으며 15개 미만이 좋다라고 이야기합니다만, 이부분 또한 로직의 변화에 따라 다를 수 있습니다. 꼭 사진만이 아니라 고객과 소통을 하며 퀄리티와 콘텐츠를 다양하게 만들어 낸다면 쉽게 팔로워를 이끌어낼 수 있습니다.

	• 예를 들어, 모의 관련된 전·후 사진만 올려놓고 주변에 보여 주었다고 생각해 보면 인상부터 찌푸리는 모습을 여러 차례 볼 수 있을 것입니다. 고객들이 궁금한 것은 반영구나 피부관리처럼 변화된 모습이 아니라 어떻게 시술을 하고 있는지?, 아픈지 안 아픈지? 어떻게 시술이 되었는지?를 궁금해 할 것입니다. 그런 부분들을 조금씩 노출시켜 주고 알려준다면 고객문의가 향상될 것입니다.
신규 고객 충성 고객 만들기	• 신규 고객이 문의가 와서 방문하게 될 경우 이를 충성 고객으로 만드는 것이 중요합니다. 저의 대표적인 상품인 기술력은 기본으로 하고 이 사람의 만족도를 높여주기 위해 전문적인 상담 , 추후 주의 사항 안내 등, 시술력과 고객과의 유대관계 형성을 쌓았을 때 충성 고객이 될 수 있습니다. • 충성 고객이 될 경우 불러오는 광고 효과는 생각보다 많은 매출의 영향을 끼치고 있습니다. 충성 고객은 지인들에게 파급력을 발휘하는데, SNS보다 더 긍정적인 효과를 올릴 수 있는 부분이 장점입니다.
네이버 플레이스, 영수증 리뷰, 체험단 , 블로그	• 사업자분들이 가장 실수를 많이 하는 부분이 어느 정도 장사가 된다고 생각이 들었을 때 제일 먼저하는 것이 마케팅을 안 하는 일입니다. 지금까지 쌓아 온 일들이 한꺼번에 무너질 수 있는 제일 중요한 부분도 '마케팅'이라고 생각합니다. • 네이버 플레이스 등록은 기본적으로 진행해야 하며 그 한 장 안에 숍의 모든 것을 전달해야 합니다. • 영수증 리뷰 또한 한가지씩 꼭 신경써야 하는 부분이며 체험단을 어플을 통해서 구하거나 업체를 통해서 꾸준히 업로드를 시켜주는 것도 중요합니다. • 블로그 또한 내가 매일은 못하더라도 일정한 날짜에 맞추어서 올려주는 것이 로직자체에서 좋게 받아들여 상위노출을 시켜줄 수 있다고 합니다.

🔟 회원권 구매 & 연결판매 노하우

요즘은 한 가지의 시술로만 숍을 운영하는 것이 아니라 여러 가지의 항목들이 있는 경우가 더 많아지고 있는 추세입니다. 그러다 보니 연결되는 경우가 있습니다. 신규 고객님이 왔을 때 회원권을 판매할 경우 추가적으로 다른 분야의 시술권 혜택이 있다고 하면 관심이 없던 고객님들도 그게 뭐냐고 하면서 물어보는 경우가 80% 이상입니다. 그러면 다른 분야를 엮어서 이 고객님을 충성 고객으로 만들수가 있습니다. 또한, 회원권을 여러 가지 항목들을 같이 쓸 수 있게 할 경우 회전속도가 빠르기 때문에 재티켓팅률이 높아질 수 있습니다.

회원권 구매	• 회원권 같은 경우 내가 한 번에 받아들이는 돈을 생각해서 과하게 많은 서비스를 하고, 가격을 인하시킨다면 가격경쟁 싸움밖에 되지 않아 쳇바퀴처럼 굴리는 숍들이 이길 수밖에 없습니다. 미용을 하는 사람이라면 가격경쟁을 하는 것이 아니라, 나만의 기술력의 대가를 지불받는 것이 당연히 좋을 것이라고 생각합니다.

- 이 또한 예전에 상담실장을 했던 경험이 있었기 때문에 연결해서 판매하는 방법들을 알고 있었습니다.
- 이런 부분들이 어렵다면 백화점 메이크업 브랜드에 가서 여러 가지 화장품을 보고 여러 차례 발라 달라고 하는 경험을 해 보는 것이 좋습니다. 그러면 그 사람들이 어떻게 매출로 연결시키는지 그 노하우를 알 수 있을 것입니다.

11 매출관리

많은 노하우를 말했지만, 초보 숍 원장님들이 제일 어려워하는 부분은 매출관리 부분입니다.

매출관리에서 '통장에 들어오면 다 내 돈 아니야?' 이렇게 생각하는 분들이 많습니다. 하지만 전체적으로 순수익이 얼마인지를 계산해 보는 것이 좋습니다. 혼자서 계산하는 것이 어렵거나 기록하는 것이 어렵다면 어플이나, 매출관리 사이트, 예약관리 사이트를 이용하여 관리해 주는 것도 좋습니다. 그렇게 해야 자신의 순수익이 얼마이고, 제품이 어떻게 나가고 있는지, 재료를 어떻게 사용하고 있는지, 낭비되는 부분은 없는지 체크가 가능하기 때문입니다.

오래된 원장님들 같은 경우 이 부분을 신경쓰지 않는 분이 많은 것 같습니다. 하지만 이 부분에서 누락도 많이 생기고 중복 사항도 많이 생기기 때문에 챙겨서 관리해 주는 것이 좋습니다.

12 위생과 청결

소독한 기구와 소독하지 않은 기구를 분리하여 보관해야 하며 일회용 제품은 손님 1인에 한하여 사용해야 합니다.

노더블딥은 한번 쓰고 버리는 스틱형태를 이야기하며 양쪽을 사용하거나, 한 스틱으로 여러 차례 시술을 사용한다면 비위생적일 수 있습니다. 왁싱(Waxing) 도구 및 기구는 매번 사용할 때마다 소독을 해야 하며 관리하는 동안 자신의 얼굴이나 소독이 되지 않은 물건들을 만졌을 때도 반드시 소독해야 합니다.

13 송파구 잠실 클뷰티 왁싱숍

송파구 잠실 '클뷰티 왁싱숍'은 천연 호주 왁스인 '캐론랩'이라는 브랜드의 트레이닝센터 교육기관입니다. 기본적인 저의 노하우와 기술력을 바탕으로 디테일하면서도 체계적인 교육기관으로 교육을 진행하고 있으며 창업위주의 책임제 수강을 진행하고 있습니다. 일반 아카데미와 달리 전체적으로 창업의 디테일함, 인테리어, 네이밍, 브랜딩, 마케팅 등 최대한 리스크 없이 사업이 잘 될 수 있게 설명하는 수업 방식으로 피부학, 모발학, 피부 구조의 이론은 기본입니다.

> **Tip!**
>
> **❶ 클뷰티 대표원장 . 김보령**
>
> 고등학교 때 너무 미용을 하고 싶어서 엄마에게 미용학원을 등록해 달라고 이야기하고 방학에 미용실에서 알바를 했던 기억이 있습니다. 당시 월급도 열정페이였고, 잘 가르쳐 주려고도 하지 않는 대규모 오픈숍이었기 때문에 스텝들도 정말 많고 디자이너들도 많았던 시절이었습니다. 그때도 지금도 변하지 않는 것은 마인드입니다. '배움에는 공짜가 없다'라고 생각했고 정말 잘 보이려고 열심히 노력했었습니다. 디자이너 선생님들께는 잘 보이기도 했지만, 스텝분들이랑은 정말 많이

티격태격 했습니다. 그 이유는 스텝분들이 집단으로 소속이 되어 있다 보니 자기만 다이렉트로 예쁨을 받고 싶어서 여우 같은 행동들을 많이 했었습니다. 저는 사회경험이 처음이어서 정말 많이 울었던 기억이 있습니다. 그래도 너무 미용이 하고 싶었기 때문에 학원을 다니면서 열심히 생활했습니다. 솔직히 말하면 고등학교에서 공부를 하지 않았습니다. '저는 미용을 할 것입니다'라면서 선생님들께 대들기도 했었습니다. 수능으로는 대학진입도 어려웠던 성적이었으나 수시로 미용대학을 갈 수 있게 되었습니다. 남들은 돈만 내면 갈수 있는 대학 아니냐고 했었지만 미용이 너무 하고 싶었기 때문에 저에게는 너무나도 큰 자랑스러운 학교였습니다. 학교에는 정말 많은 과목들과 좋은 교육들이 있었지만 그때 당시에는 왜 그렇게 열심히 하지 않았는지 지금 와서 생각해 보면 고등학교 때부터 해 오던 미용이었기 때문에 미용에 대한 번아웃이 왔던 것 같습니다.

졸업을 해야 하던 찰나에 교수님과 면담이 있었고 두피 관리센터에서 일을 해 보라고 하셨습니다. 그 시절에는 두피라는 시장이 생소하였고 '재미있을 것 같다'라는 생각에 WT***에서 일을 하게 되었습니다. 그때도 역시나 저는 열심히 했습니다.

위에 선임이 2명 있었습니다. 저는 선임이 출근 하기 전에 먼저 출근해서 청소를 싹 해 두고 오픈 일을 먼저하는 게 우선이라고 생각했습니다. 미용실에서 겪었던 부분들을 또 겪고 싶지 않았기 때문에 나왔던 행동들이었습니다. 본사 직영점이 아니다 보니 내가 원하는 방향대로 흘러가지 않았었고, 쳇바퀴처럼 일하는 시스템에 불만이 생기는 부분이 많았습니다. 그래도 이왕 입사했으니 관리사부터 상담실장까지 열심히 일하려고 했지만 결국에는 그 2명의 선임들이랑 트러블이 크게 생겨서 퇴사하게 되었습니다.

아쉬움을 뒤로한 채 바로 웰*******에 취업을 하였습니다. 여기에서 또 다시 한번 마음을 다잡고 출근 시간이 10시였지만 9시에 출근을 하였고, 시스템을 빨리 이해하기 위해 밤 늦은 시간까지 상담실장의 업무도 도맡아서 했습니다. 그러다 보니 시기, 질투도 많았지만 그동안 겪어온 것들이 있기 때문에 같이 일하는 사람들의 환심을 사기 위해 월급 120만 원을 받으면서 밥도 사 주는 등 먼저 많이 다가갔습니다.

1년이라는 시간이 흐르고 드디어 멀티코디가 되었고, 관리부터 소소한 상담, 인포업무, 재고파악 등 맡은 업무들이 많아졌습니다. 다행히 점장님이 저에게는 좋은 버팀목이 되어주셨습니다. 그 점장님이 저에게 해 주신 것은 목표설정이었습니다. '왜 일하고 싶은지?' '꿈이 뭔지 계속해서 이야기해 주었고, 그렇게 가려면 어떻게 해야 하는지' 목표방향 설정을 해 주셨습니다. 그러던 찰나에 다른 지점으로 이동하여 관리를 하게 되었고, 그 집합 속에서 큰일이 생겨 일을 그만둘 수밖에 없는 상황이 생겨버렸습니다. 정말 몇 년을 버티면서 두피숍을 운영하는 것이 목표였기 때문에 하늘이 무너지는 기분이었습니다. 지금 또한 그때 생각을 하면 눈물이 먼저 나기도 합니다.

그래서 이제 무엇을 해야 하나? 고민을 하다가 지금까지 해 오던 것이 미용이라 다른 분야는 생각할 수도 없었습니다. 왁싱(Waxing), 반영구 화장을 놓고 고민을 많이 하다가 지금까지 모 관련 일을 오래해 왔기 때문에 리스크가 없고, 바로 결과가 나오는 왁싱(Waxing)을 택하게 되었습니다. 무턱대고 아카데미를 먼저 등록해서 다녔으나, 바로 창업할 생각은 전혀 없었습니다. 숍 운영 노하우, 직원관리, 상담 노하우 등은 많이 알고 있었으나 대표적인 상품 왁싱(Waxing)에 대해서는 자신이 없었기 때문입니다. 그때부터 많은 곳으로 왁싱(Waxing)을 받으러 다녔고 , 다녔던 곳 중 제일 안 아프고 빨리 하는 왁싱숍이 있어 '어떻게 취업할 수 있냐?'고 물어보고 취업을 했습니다. 여기서도 마찬가지로 일찍 출근을 하였고, 윗사람, 동기 등을 챙겨가며 열심히 일에 몰두하다 보니, 하루에 10명 가까이 손님을 담당하면서 실력은 금방 향상될 수밖에 없었습니다.

일단 리스크가 없는 숍인숍을 먼저 시작하게 되었습니다.

미용의 경험은 많았지만 더 많은 일들이 있다 보니 가르쳐 주는 사람 하나 없이 하나하나 스스로 알아보고 부딪히고 하면서 깨닫게 되었습니다. 광고도 어떻게 하는지 몰라서 소개 손님들로 인해 예약을 채워 나갔고 , 수강문의가 생기게 되면서 확장이전을 하여 '클뷰티'라는 왁싱숍을 오픈하게 되었습니다. 숍인숍을 할 때는 이것저것 하고 싶은 것들이 많아 속눈썹, 반영구 화장, 스킨플래닝 등등을 배우게 되었고 하나라도 허투루 하고 싶지 않아서 정말 최선을 다해 배웠습니다.

숍을 운영하면서 사기도 당하는 등 제 경험치는 점점 올라가게 되었고, '클뷰티 왁싱숍'을 오픈해 수강을 시작하면서 우리 수강생분들에게는 제가 겪은 고통, 아픔, 슬픔을 겪게 해주고 싶지 않았던 마음이 컸기 때문에 하나부터 열까지 세세하게 전달을 해주고 노력을 많이 하였습니다. 다행히 그마음이 전달이 되었는지 숍을 창업한 분들이 많이 성장하였고 그에 대한 저의 성취감은 말로 표현할 수 없었습니다. 이렇게 되기까지 정말 많은 일들이 있었고, 디테일함까지는 표현하진 못했지만 최종 저의 목표는 박사학위, 교수, 자서전을 쓰는 것입니다. 그때 이 책을 보면서 저를 떠올리기 위해 저를 표현해 보았습니다.

❷ 대표원장 김보령 이력

2007. 08.20	CHRISTIAN CHAUVEAU 메이크업 정규, 헤어, 피부 정규과정 이수
2012. 02.17	정화예술대학 미용예술 전문학사
2013.~2017	웰X 두피탈모센터 선릉,잠실 2개 지점 상담실장
2012.02.17	교육과학기술부장관 교원자격증 취득
2015.10.4	TSEKOREA 병원코디네이터 이수
2016.10.7	미용사면허증 미용사(일반), 미용사(피부), 미용사(네일), 미용사(메이크업) 취득
2017. 02.12	3P자기경영연구소 상기교육과정 수료
2017.08.07	K뷰티스킨아트 지도사 왁싱마스터 과정 이수
2017.08.18	QUEENELLE 속눈썹연장 심화플러스 이수
2017.08.18	QUEENELLE 왁싱기술자 이수
2017.03	X만다 왁싱 근무
2018.05	크리스탈왁싱 운영
2019.05.12	국제 ART MAKE UP 올림픽대회 국제 심사위원
2020.11.08	K뷰티전문가 연합회 반영구 수석 심사위원
2020.11	GAHEE BROW 아트메이크업전문가 과정 이수
2021.11	클뷰티 토탈숍 운영
2021.	K뷰티전문가연합회 제11회 국제바디 아트콘테스트 스킨플래닝 수석 심사위원
2022.02.05.	PERMEATE 반영구 과정 이수
2022.06.26	국제뷰티표준교육기관 IBQC 실기평가경원대회 심사평가위원
2022.11	송파구 캐론랩 트레이닝 교육센터
2022.12	화장품 유통 사업

상담 문의처

클뷰티 인스타 아이디 @klebeauty_
수강 및 상담 문의   카카오채널 클뷰티

써니 왁싱(숍) & 여수 왁싱교육인증센터

김영선 원장님

1.
왁싱숍
소개
Introduction

전라도 여수에서 10년 전 최초로 왁싱 전문숍을 오픈하여 현재까지 활발하게 성업 중인 김영선 원장입니다. 인구가 많지 않은 지방 소도시이지만 그동안 누적 회원수가 4,500명이고 시술 건수도 4만 건이 될 정도로 다양한 고객님들과 여러 타입의 피부와 모질을 경험하였고 그에 따른 노하우와 스킬이 생겨 왁싱(Waxing)수강이나 협회, 세미나 등 여러 활동을 하고 있습니다.

2.
왁싱숍
노하우
Know-how

① 왁싱 전처리

왁싱(Waxing) 시 제일 중요한 것 중에 하나가 전처리 과정이라고 생각합니다. 유·수분기가 없고 드라이한 상태여야 왁스와 모의 밀착력이 높아집니다. 유분이 많은 타입이나 땀이 잘 나는 부위는 왁싱(Waxing) 시술 시 방해가 되기 때문에 왁싱(Waxing) 전 세정이나 제품으로 전처리 과정을 확실히 해야 합니다. 왁싱(Waxing) 시술을 하는 동안에도 고객님이 긴장해서 지속적으로 땀이 나는 경우에는 파우더 처리를 하면 수분이 잡힙니다.

② 왁싱 전 피부보호

왁싱(Waxing)시술 시 가장 주의해야 할 점은 스킨 탈락입니다. 스킨 탈락이 나면 착색·흉터가 생길 수 있으므로 잘 생길 수 있는 부위와 건조하고 예민한 피부는 더욱 주의하며 시술해야 합니다. 피부 각질층에 식물성 오일막을 형성하고 저온도점·점성이 낮은 왁스를 사용하여 왁스도포와 제거의 넓이를 작게 시술하면 훨씬 안전합니다. 건조하고 예민한 피부가 아니더라도 땀이 많은 부위(겨드랑이. 사타구니, 팔안쪽 등)도 습한환경에 각질층이 불려져 있어 스킨 탈락이 잘 생깁니다.

③ 피부타입·모질에 적합한 왁스 선택

건성피부인지 지성피부인지 외에 요철피부나 각질층이 매끄럽지 못한 피부는 왁스가 체모 말고도 피부에 들러붙어 제거 시 피부 데미지나 통증이 더 있을 수 있습니다. 왁싱(Waxing)이 한 번에 이루어지지 않으면 한 부위에 여러 번 왁싱(Waxing)을 해야 하고 그러다 보면 스킨 탈락이나 피부 데미지, 시술시간 지연이 생길 수 있습니다.

왁스의 제형에 따라 강모가 잘 제거되는지 미세섬모까지 잘 제거되는지의 여부가 달라지므로 여러 종류의 왁스를 테스트 해보고 자신의 스킬과 왁싱의 성능이 잘 맞아 주로 많이 사용하는 왁스를 구비해둡니다.

④ 저통증 왁싱 스킬 노하우

체모의 방향을 잘 파악하고 체모의 상태에 따라 역방향으로 제거해야 할지 정방향으로 제거해야 할지 판단 후 되도록 같은 부위에 반복시술을 하지 않습니다. 견인통이 생기지 않게 왁스 도포 시 제거할 부분 옆의 체모가 편입되지 않도록 긴 체모는 컷팅을 하거나 석션을 잘 나누어 도포합니다. 체모 사이 사이에 왁스가 잘 스며들도록 스파츌라에 압을 주어 바르면 모근까지 왁스가 고정되어 제거할 때 통증이 덜하고 체모의 끊김이 없습니다. 왁스의 손잡이 부분이 체모가 있는 곳보다 1~2cm 더 넓게 도포하면 손잡이부분이 확보되어 통증도 덜하고 떼어내기 쉽습니다. 왁스제거 시 피부늘어짐이 발생할 수 있어 피부가 흔들리지 않게 고정(텐션)을 확실히 잘 시키고 왁스를 떼어내면 통증도 훨씬 적습니다.

제거할 부분의 체모의 양과 왁스의 양을 비례하여 적당한 양과 일정한 두께로 패치를 만들어야 남는 잔모, 왁스 잔여물 없이 깨끗이 제거됩니다.

⑤ 왁싱 후 관리

왁싱(Waxing) 후 모공이 열려 있는 피부에 2차 감염이 되지 않도록 위생에 신경쓰고 반드시 소독된 도구를 사용합니다. 또한, 관리 제품이나 에스테틱 제품을 이용하여 항염·진정·보습 효과로 트러블 예방을 해줍니다.

페이스, 가슴, 등 부위 피지선이 발달된 곳은 왁싱(Waxing) 후 피지성분과 가장 흡사한 호호바오일을 사용하여 피지선 안정화를 시켜준 후 피부 진피성분과 흡사한 히알루론산을 공급하여 보습력도 높이고 쿨러나 쿨링팩으로 열감을 제거하면 빠른 진정효과를 볼 수 있습니다.

⑥ 왁싱 후 부작용 관리

스킨 탈락	• 관리가 안 되면 착색이 되어버리며 생겼다 하면 3~6개월 지속될 수 있기 때문에 시술 시 스킨 탈락이 발생하면 바로 대처를 해주고 고객님에게도 자외선차단, 재생크림 또는 보습제를 권유하여 착색이 되지 않게 관리의 중요성을 숙지시키는 것이 좋습니다. • 숍에 재생테이프를 구비해 두고 스킨 탈락 발생 시 사용하면 좋습니다.
피부 두드러기, 가려움	• 피부면역 반응으로 일시적으로 생겼다 없어지기도 하지만 알레르기 피부는 반응 정도가 심하거나 2~3일 이상 지속 시 긁다 보면 2차적으로 발진이나 손상이 생길 수 있으므로 병원에 내원하여 항히스타민제 처방을 권유합니다.

| 모낭염 | • 면역력 저하나 잘못된 왁싱(Waxing) 후 관리로 생길 수 있음을 설명드리고 트러블 상태나 정도에 따라 진정제품 사용이나 병원을 내원하여 약 처방받는 것을 권유합니다. |

⑦ 왁싱 고객관리

고객관리프로그램을 통해 자동으로 예약 메시지를 방문 한 달~두 달 후에 알립니다. 정액권·결제 관련 관리, 방문내역·시술부위 관리를 손쉽게 알 수 있습니다.

····Tip!··

트러블이 잘 생기는 부위 왁싱 예약

트러블이 잘 발생되는 부위는 왁싱(Waxing) 예약 시 결혼, 여행, 촬영 등 일정이 있는 고객님에게는 꼭 트러블이 발생할 수 있음을 알리고, 중요한 일정 1~2주 전에 미리 받는 것을 권유해 드립니다.

1.
왁싱숍
소개
Introduction

전북 군산시에서 토탈(하드, 슈가, 소프트) 왁싱숍을 운영하고 있는 '황정옥 왁싱숍' 황정옥 원장입니다. 요즈음 인테리어나 왁싱숍 이름을 세련되게 짓고 운영하는 반면 저는 제 이름을 상호로 정하고 이곳 군산에서만 10년째 뷰티인의 길을 걸어가고 있습니다. 각종 왁싱대회에서 서울시장상 수상 및 국회의원 수상 다수 등 많은 상들을 비롯해 현재는 각종 왁싱협회에서도 왁스의 자랑인 캐론랩 왁스에 대해 많은 홍보를 하고 있는 중입니다.

세미나를 통해서 캐론랩 왁스를 시연할 때 많은 분들께서 관심 가져주고 매번 왁스 선택에 자부심을 느끼며 세미나 및 개인수강을 통해 활발하게 활동 중에 있습니다.

2.
왁싱숍
노하우
Know-how

■ 다양한 왁스 구비

캐론랩 왁스 외 저가 왁스도 함께 소장합니다. 특히, 왁싱(Waxing)을 처음 접하는 고객들에게는 생소하기만 한 왁싱숍에서 왁스의 발림과 왁스 특유의 냄새(이때 성분에 대해서도 간단하게 소개하는 것이 좋음)를 직접 체험하게 해주는 것도 왁싱(Waxing)을 처음 접하시는 분들에게는 첫 단추를 잘 채워드리는 것과 같습니다. 다른 숍을 이용하다가 오는 고객께서는 더욱 더 신뢰를 가지게 됩니다. 최대한 통증을 적게 시술하는 것도 중요하지만 이전에 최대한 신뢰를 드리면 시술을 들어갈 때에 만족도는 그 이상이 될 것입니다. 요즘은 하드와 슈가링 2가지로 왁싱(Waxing)을 합니다만, 각 숍에서 본인에게 더 잘 맞는 왁스가 있을 것입니다. 간혹 "하드에요?, 슈가링이에요?" 라고 물어보는 분들이 많습니다. 이때 한 종류의 왁스만을 설명한다면 전문성이 떨어져 보일 수 있기 때문에 항상 자신의 부족한 점을 배우고 익혀야 합니다.

② 왁스 사용법

스틱왁스 사용 시 모가 난 방향으로 바르고 떼었을 때 오히려 안 뽑힐 때는 반대 방향 및 사선 방향, 역 방향도 추천합니다. 굵은 모일 경우 왁스를 너무 얇게 바르면 왁스가 찢어지는 경우가 많으므로 굵은 모 제모 시(이때 스틱 끝 둥근 부분을 사용) 얇게 한번 도포하고 2차로 그 외에 두껍게 한번 더 발라주 면 체모가 확실하게 찢어짐 없이 깔끔하게 떨어짐을 느낄 수 있을 것입니다.

고객님께서 하드와 슈가링을 고민 중이라면 2가지를 모두 시연으로 체험하게 하는 것도 좋은 방법 중 하나입니다.

고객님 피부 상태에 따라 뜨거움을 더 느끼는 분이라면 온도 자극이 덜한 슈가링으로 시술하는 것도 바람직합니다.

오히려 내가 하드 왁스를 더 능숙히 다룬다면 온도를 최대한 맞추어 하드 왁스로도 고객님들에게 만 족감을 높일 수 있습니다.

하드와 슈가링을 다룰 줄 안다면 브라질리언 왁싱(Waxing) 마무리 단계에서는 남은 하드 왁스는 슈 가링으로 깔끔하게 제거하고 이후 캐론랩 애프터 오일을 사용하면 고객님들께서는 왁서에 대한 전 문성을 더 느낄 것입니다.(또한 애프터 오일 사용을 절감할 수도 있다는 장점도 있음)

페이스 왁싱 시
- 최대한 잔모를 깨끗이 제거해야 하므로 왁스를 두껍게 도포하면 잔모는 뽑히 지 않고 피부에 자극만 더 주는 것이므로 최대한 얇게 잔모까지 확실히 왁스 를 바르고 2차로 살짝 한번 더 자극없이 발라주고 떼어주면 잔모까지 확실히 뽑히는 것을 볼 수 있습니다.
- 페이스 왁싱(Waxing) 후 쿨링팩 외 쿨링 기기관리도 최대한 열감은 낮춰주고 홈케어 관리 또한 다시 한번 고객님들에게 잘 전달해 주도록 합니다.
- 팔 안쪽 부분은 왁스를 하드 왁스로 교체하여 하드 왁스로 페이스 왁싱 (Waxing) 시술 시처럼 발라주면 멍이나 통증이 현저히 없기 때문에 특히 초 보 왁서분들은 팔다리 왁싱(Waxing)을 할 때 예민한 부분은 하드 왁스로 교 체해 주는 것을 권장드립니다.

③ 왁싱 시 주의 사항

왁싱(Waxing) 시 주의 사항은 이미 너무 많이 알고는 있지만 본인들이 홈케어를 안 하는 경우가 많 으니 그 점은 꼭 고객님들에게 다시 알려주어야 합니다. 왁싱(Waxing) 후 우리 몸 피부조직에서 모가 빠졌을 때 일어나는 방어작용에 대해 설명해 주면 고객님께서는 왁서분들을 더 신뢰하게 되며 그 이 후에 생기는 인그로운 헤어나 상처들은 본인들의 잘못으로 자각하게 됩니다.

가끔 지인 원장님 숍을 방문했을 때 워머기 부분 외 그밖에 많은 부분들이 위생적이지 못할 때를 종 종 볼 수 있습니다.

왁서는 첫째도 둘째도 청결함을 잊어서는 절대 안 되고 나만 사용하는 공간이 아닌 고객님들께서도 다 지켜보는 숍이기 때문에 숍을 청결하게 관리하는 것은 매우 중요하다고 생각합니다.

베르동스파 & 왁싱100(숍) & 전북 전주 왁싱교육인증센터

백윤정 원장님

1. 왁싱숍 소개
Introduction

저는 전주에서 '베르동스파 & 왁싱100 숍'을 운영하는 백윤정 원장입니다.

왁싱(Waxing)을 처음 시작한지는 2015년도부터이고 2017년부터 현재까지 왁싱(Waxing)과 피부관리 전문숍을 운영하고 있습니다. 저희 숍은 6년 동안 에스테틱에서 유명한 프랜차이즈 피부관리실을 운영하다 최근에 개인 브랜드로 재오픈을 하여 새롭게 리뉴얼하였습니다. 저희는 문제성 피부를 중점적으로 관리하기 때문에 여드름, 비립종, 한관종, 아토피, 주사염 등의 피부를 다수 관리한 경험이 풍부합니다. 그렇기 때문에 왁싱(Waxing) 후 트러블에 관련된 사후케어는 자신있습니다. 그동안 고객님의 만족도와 효과에 집중하여 운영하였더니 7년만에 고객수가 1만 명이 넘게 되었습니다. 저희 숍은 웨딩전문으로 예식을 앞두신 예비신랑, 예비신부님이 주 타켓층입니다.

그러다 보니 자연스럽게 커플 피부 관리, 커플 왁싱(Waxing)을 많이 하고 산전 관리와 산모 왁싱(Waxing)도 많이 합니다. 저희 숍은 남녀 왁싱(Waxing) 가격을 똑같이 받고 있습니다. 커플들이 주로 많이 찾아주기 때문에 왁싱(Waxing)을 처음에 부담없이 쉽게 접할 수 있게 하기 위함입니다. 또한, 지역 전문대학에서 왁싱(Waxing)특강 강의를 통해 지역후배 양성에 힘쓰고 있습니다. 앞으로 전주지역에서 숙련된 테크닉으로 고객님들의 피부고민과 아름다움을 책임지는 백년가게가 되고자 합니다.

2. 왁싱숍 노하우
Know-how

1 저희 왁싱100의 시그니처는 "10분 완성 브라질리언 왁싱"

왁싱(Waxing)을 하기 전 가장 걱정되는 부분이 통증인데, 통증을 최대한 줄일 수 있는 방법이 없을까? 생각하다가 빠르고 정확한 시술만이 답이다! 라고 생각하여 최대한 시술시간을 10분은 넘기지 않으려 연구하고 노력하고 있습니다.

그 결과 "하드 왁스와 슈가 왁스의 콜라보만이 답이다"라는 결론을 갖고 많은 시술을 한 결과 놀랍게도 시간이 계속 단축되어 타 숍을 다니던 고객님들이 다른 숍은 못 가겠다면서 재방문율이 300%입니다.

물론 캐론랩의 우수한 왁스의 제모력이 피부에 안전하며 빠른 왁싱(Waxing)을 할 수 있게 하는 원동

력이 되었습니다.

왁싱(Waxing)100에서는 하드 왁스 사용 시 왁스가 굳기까지 시간이 걸리고 잔여물을 제거하는 데 시간이 많이 걸리기 때문에 두껍고 양이 많은 체모는 하드 왁스를 사용하고 가늘고 양이 적은 체모는 트위저 대신 슈가 왁스를 사용합니다.

2 왁싱 시술보다 중요한 건 "시술 전 충분한 상담"

왁싱(Waxing)은 단순히 불필요한 체모를 제거하는 목적이 아니라 피부 상태, 피부 질환이 있는지를 파악하고 피부가 손상되지 않는 선에서 고객님이 원하는 사항을 충분히 고려하여 시술이 이루어져야 하기 때문에 시술 전·후로 충분한 상담이 중요합니다.

충분한 상담이 이루어지지 않은 상태에서 시술 후 부작용이 생기게 되면 시술자나 피시술자 간의 불필요한 감정마찰 또는 보상의 문제가 생길 수 있으므로 꼭 시술 전 충분한 상담을 통해 시술 후 일어날 수 있는 부작용에 대한 방법과 관리방법을 고객에게 인지시켜야 합니다.

3 왁싱 "시술 후 부작용 대처"가 중요

왁싱(Waxing)시술을 하다보면 시술 후 다양한 부작용에 직면하게 됩니다.

대표적인 부작용으로는 모낭염, 인그로운 헤어, 색소 침착, 스킨 탈락, 생식기 뾰루지, 바르톨린낭종, 생식기 여드름이 있습니다.

모낭염	• 모낭에서 시작되는 세균 감염에 의한 염증으로 특히 페이스 왁싱(Waxing) 후 가장 많이 생기는 부작용 중 하나입니다. • 왁싱(Waxing) 후 묵은 각질과 모낭 안의 체모를 동시에 제거하는 중에 세균이 모낭안으로 들어가게 되면 흰색 고름이 주변에 퍼져서 염증이 생기게 됩니다. 이때는 반드시 항생제를 즉시 복용하고 고름농포를 제거합니다. • 다발성으로 흰색 농포가 생기기 때문에 고객들은 놀라게 되는데 바로 농포를 제거하면 얕은 고름물집은 없어지고 흉터가 남지 않기 때문에 발견 즉시 관리를 받아야 합니다. • 항균제가 포함된 세안제로 세안하고 항균, 진정, 재생 제품을 모낭염이 생긴 자리에 발라주고 색소 침착이 남을 수 있기 때문에 외출 시 자외선 차단제를 발라줍니다. • 얕은 고름 모낭염은 1회 압출관리만으로도 금새 회복이 됩니다. • 왁싱(Waxing) 후에는 절대로 2~3일 이내 운동을 하거나 뜨거운 환경에 노출이 되어서는 안 됩니다.
인그로운 헤어	• 모가 각질층을 뚫지 못하고 모낭 내에서 자라는 현상으로 왁싱(Waxing) 시술 후 2~3주 후면 모낭 밖으로 나와야 할 체모가 쌓인 각질로 인해 모낭 안에 갇혀서 염증을 일으켜 피부 표면에 체모가 갇혀있는 것이 보이므로 외관상 보기가 좋지 않습니다. • 왁싱(Waxing) 후 3일~2주 동안 각질이 쌓이지 않도록 스크럽으로 관리하며 보습제를 충분하게 발라줍니다. • 인그로운 헤어가 생겼을 경우 고객 스스로 관리하기 어렵기 때문에 숍에서 꼭 함께 관리해 주어야 합니다. 필요 시 인그로운 헤어 제거 비용을 추가로 받는 것이 좋습니다.

색소 침착	• 왁싱(Waxing)을 하고 난 후 색소 침착이 가장 많이 되는 부위로는 팔과 다리이며 시술부위가 넓고 광범위합니다. 그렇기 때문에 스트립 왁스를 바르고 뜯는 과정에서 스킨 탈락이 될 수 있기 때문에 예민한 부위(허벅지 안쪽, 팔 안쪽)는 캐론랩의 하드 왁스를 함께 사용합니다.
	• 피부의 탄력도가 있는 부위는 스트립 왁스로 피부의 탄력도가 없는 부위는 하드 왁스로 콜라보하여 사용합니다.
	• 왁싱(Waxing) 시술 후 지체없이 최대한 빠르게 냉찜질과 보습크림을 발라줘야 합니다.
	• 왁싱(Waxing) 후 왁싱(Waxing) 부위가 접촉되지 않게 주의하고 피부에 뜨거운 환경이 노출되지 않게 하며, 햇빛에 노출되지 않도록 자외선 차단제를 잘 발라줍니다.
	• 왁싱(Waxing) 후 남게 되는 색소 침착은 주기적인 각질제거로 피부의 표피 회전율을 증가시켜 재생이 빠르게 되도록 관리합니다. 각질제거 후 피부재생에 도움이 되는 보습제품을 충분히 발라줍니다.
스킨 탈락	• 물리적인 요인으로 인해 각질층 이상의 피부가 벗겨져서 파이는 현상으로 왁싱(Waxing)을 하는 시술자에 의해 일어나는 현상입니다.
	• 시술자가 주의해야 할 몇 가지를 알려드리면 고객의 피부 상태 파악(건성, 지성, 복합성, 민감성), 왁스온도 파악, 텐션과 방향, 사용할 왁스의 양, 왁스종류에 따른 왁스 사용 방법(스트립, 하드, 슈가) 등을 꼭 확인하고 시술해야 합니다.
	• 왁스도 피부를 많이 감싸는 왁스가 있고 피부를 가볍게 감싸면서 체모만을 확실하게 잡아주는 왁스도 있습니다.
	• 또한, 피부에 닿는 왁스의 온도가 지나치게 높을 경우 피부가 화상을 입거나 스킨 탈락이 될 확률이 높기 때문에 피부에 안전하고 질 좋은 왁스를 사용해야 합니다.
	• 왁싱(Waxing)을 하는 부위가 너무 건조한 상태일 경우 여러 겹의 각질층이 균일하게 떨어져 나가지 않고 피부의 부분 부분이 여러 겹 깊게 스킨 탈락이 될 수 있기 때문에 건조한 피부는 스티머로 충분히 피부를 촉촉하게 만든 상태에서 전 처리제를 발라 피부에 보호막을 만들어 준 후 시술합니다.
	• 너무 건조할 경우 시술 부위에 마사지 크림으로 피부관리를 하여 혈액순환을 시킨 후 모공이 열린 상태에서 왁싱(Waxing) 시술을 합니다. 이때는 크림 도포한 부위를 온습포로 충분히 닦아줍니다. 전 처리제를 더욱 신경써서 도포해야 스킨 탈락을 예방할 수 있습니다.
	• 특히 깊이 파인 스킨 탈락은 흉터를 남길 수 있기 때문에 스킨 탈락이 된 부위를 빠르게 소독하고 흉터연고를 바르고 햇빛에 노출되지 않도록 약 한 달 간 흉터밴드를 계속 붙여야 합니다.
	• 스킨 탈락된 부위는 햇빛에 노출 시 과색소 침착이 될 확률이 높습니다.
여자 생식기 뽀루지	• 브라질리언 왁싱(Waxing) 후 자극으로 인해 생깁니다.

바르톨린낭종	• 여성 회음부 뾰루지, 종기, 외음부 주위에 작은 멍울 등이 생기는 것으로 처음에는 작은 뾰루지처럼 멍울이 잡히면서 시작되지만 점차 통증 및 염증을 유발할 수 있는 질환입니다.

바르톨린낭종

• 여성 회음부 뾰루지, 종기, 외음부 주위에 작은 멍울 등이 생기는 것으로 처음에는 작은 뾰루지처럼 멍울이 잡히면서 시작되지만 점차 통증 및 염증을 유발할 수 있는 질환입니다.

• 질 입구 양쪽 외음부 부위에는 '바톨린선 또는 바르톨린선'이라는 분비선이 존재합니다.

• 작고 둥근 분비선이며 피부아래 깊숙한 곳에 위치하고 있어 외부에서는 잘 느껴지지 않습니다.

• 바르톨린선은 점액을 분비해서 외부로부터 오염되는 것을 막아주는 역할을 합니다. 점액이 나와 질 세정 작용을 도와주며, 질 입구를 촉촉하게 만들어 성관계 및 임신 등을 돕는 역할 등도 합니다. 그런데 분비선의 관이 막히게 되면 분비샘 안에 점액이 고이면서 점점 팽창하고 작은 혹처럼 만져져서 낭종이 형성됩니다. 여기에 세균이 감염될 경우 고름이 차고 염증 및 농양이 발생합니다.

• 간혹 왁싱(Waxing) 후 바르톨린낭종으로 염증 및 농양이 다발성으로 생기는 경우가 있습니다.(실제로 바르톨린낭종이 생긴 경험을 하였습니다) 이런 경우에는 항생제 약을 즉시 처방받아 복용하고 염증 부위를 소독하여 농양을 압출하여 제거합니다.

• 제거 후 진정과 재생에 도움이 되는 연고 또는 제품을 수시로 발라줍니다.

생식기 여드름

• 생식기에는 염증성과 비염증성 여드름이 생길 수 있습니다. 모낭 안의 모를 제거하다가 피지가 같이 빠져나와 막힌 비염증성 여드름과 세균감염으로 인한 염증성 여드름이 있습니다.

• 브라질리언 왁싱(Waxing) 후 외음부에 화농성 여드름처럼 갑자기 동시다발적으로 고름 등 농양이 생겨서 만질 수도 없이 따갑고 통증이 느껴진다면 농양을 빠르게 제거해야 가라앉습니다.

• 모낭은 피지선과 연결되어 있으며 왁스로 제모과정에서 피지선에 자극이 생기면 세균 감염 등으로 염증이 생깁니다.

• 생식기에 모낭염이 생기면 대부분 모가 피부 밑에서 안쪽으로 자라면서 고름이 차는데 바로 뾰루지가 되는 원인이 됩니다.

• 생식기의 외음순이나 사타구니에 생길 가능성이 있으며 걸을 때 통증을 느낄 수 있고, 가렵거나 뭔가 걸리적거리는 느낌이 있을 수 있습니다.

• 모낭염은 세균에 의한 것이기 때문에 항생제가 첨가된 연고를 바르고 나아지지 않는다면 산부인과 진료를 받는 것을 추천합니다.

• 피부과나 산부인과에 가서 치료받기에는 너무 부끄러운 부위이기 때문에 숍에서 시술 시 올바른 시술관리 방법을 인지하고 관리해야 합니다.

색소 침착 실제 경험담

현장에서 실제로 고객이 색소침착으로 민원을 내셨는데 왁싱(Waxing)시술 후 일주일이 다 되어서 연락이 와서 난감했던 적이 있었습니다.

직접 오신 것이 아니라서 색소 침착된 부위를 확인할 수도 없었고 출처를 알기 어려운 사진을 여러 장 보내셔서 화를 내시는데 아무리 피부의 원리를 설명을 하고 관리 방법 등을 제시하여도 숍의 잘못으로만 얘기를 하셔서 병원비를 조금 드릴 수밖에 없었습니다.

왁싱(Waxing)하기 전 충분한 설명이 부족한 저희 잘못으로 인정할 수 밖에 없었습니다.

그 이후로는 왁싱(Waxing)하기 전에 충분한 설명을 들었다는 자필서명을 받고 시술을 하게 되었습니다.

왁싱(Waxing)을 하게 되면 제모와 동시에 묵은 각질이 벗겨지는데 각질층은 여러 겹으로 이루어져 있기 때문에 건조한 피부 또는 피부 상태가 건강하지 못한 경우 노화각질뿐만 아니라 각질층도 떨어져 나갈 수 있는 물리적인 환경에 노출되기 쉽습니다.

왁싱(Waxing)으로 인한 피부 손상은 방법에 따라 표피층부터 진피층에 걸쳐 생기며 반복된 자극으로 피부에 상처가 나면 우리 몸에서 치료를 위한 염증 반응이 일어납니다. 이 염증 반응의 과정에서 멜라닌 합성이 촉진되고 과다 생성되어 쌓이면서 색소 침착이 남게 됩니다.

왁싱(Waxing) 후 색소 침착에서 가장 중요한 것은 왁싱(Waxing) 후 관리입니다. 어떤 방법으로 제모를 하든 공통적으로 발생하는 문제가 있는데 그것은 피부 손상이 불가피하다는 점입니다.

이와 같은 피부 손상은 곧 색소 침착으로 이어질 가능성이 높기 때문에 왁싱(Waxing) 후 사후관리에 신경써야 합니다. 제모로 자극받은 피부를 빠르게 진정시켜줌으로써 피부가 더 이상 예민해지지 않도록 관리하는 것이 제모 후 색소 침착을 막는 가장 큰 예방법입니다.

3.
왁싱 후 홈케어 조언
Home care

▮ 스트레스 받지 않은 환경 제공

왁싱(Waxing)한 부위는 기본적으로 각질층 탈락이 동반되어서 필링한 효과와 동일하기 때문에 피부가 스트레스 받지 않는 환경을 제공해야 합니다.

피부는 약산성을 유지해야 피부밸런스가 깨지지 않기 때문에 왁싱(Waxing) 시술 후 세안할 경우 분사형 스킨을 뿌려주는 것이 좋습니다.

페이스	• 페이스 왁싱(Waxing) 이후 일시적으로 자극이 생겨서 따갑거나 열감이 일어날 수 있는데 알로에젤이나 수딩젤을 냉장고에 넣어두고 수시로 발라줍니다.
	• 차가운 알로에젤을 듬뿍 바르고 15분 정도 후에 물로만 씻어냅니다. 만약 열감이 계속된다면 물로 세안 후 스킨을 바르고 차가운 알로에젤을 또다시 바른 후 15분 후 씻어냅니다.(계속 반복)
	• 열감이 어느 정도 완화되면 물로 세안 후 스킨, 세럼, 수분크림을 듬뿍 발라주고 저녁에는 재생영양크림을 자기 전에 듬뿍 발라줍니다.
	• 낮에 외출할 경우 자외선 차단제를 꼭 발라주고 일주일 이상 햇빛을 조심해야 합니다. 피부가 따가운 것은 건조할 경우 생기는 현상으로 수분을 충분히 보충해주고 차갑게 관리해야 합니다.
	• 시트팩을 자주 해 주어도 좋습니다.
	• 왁싱(Waxing) 후 모낭이 열려 있어서 세균감염이 될 수 있으므로 사우나, 격렬한 운동, 주방에서 화기사용으로 뜨거운 환경에 왁싱(Waxing)한 얼굴이 노출되지 않도록 주의합니다.
바디	• 바디 왁싱(Waxing)은 주로 노출이 많이 되는 팔, 다리를 주로 하게 되는데 왁싱(Waxing) 후 노출이 되는 부위가 따가울 경우 수딩젤을 듬뿍 발라준 후 씻어내고 보습제품을 듬뿍 바릅니다.
	• 특히, 다리 왁싱(Waxing) 후 반바지를 입고 골프나 야외 활동을 바로 할 경우 색소 침착이 될 수 있으므로 외출 시 자외선 차단제를 잘 발라줍니다.
브라질리언 왁싱	• 브라질리언 왁싱(Waxing) 후 모가 다시 자라나서 피부 밖까지 나오는데 2~3주가 소요되기 때문에 왁싱(Waxing) 후 일주일이후부터 브라질리언 전용 스크럽 제품으로 각질이 쌓이지 않도록 2~3일에 한번씩 관리합니다.
	• 스크럽으로 각질을 제거한 이후에는 보습전용 제품을 잘 발라주어서 인그로운 헤어가 생기지 않도록 합니다.
	• 인그로운 헤어가 생겼을 경우 왁싱(Waxing) 리터치할 때마다 제거할 수 있도록 합니다.
	• 브라질리언 왁싱(Waxing) 후 세안 목적 외에는 왁싱(Waxing)한 부위가 자극되지 않도록 조심합니다.
	• 피부발진, 세균감염의 위험성이 있기 때문에 왁싱(Waxing) 후 일주일 동안은 세심한 관리가 필요합니다.

1.
왁싱숍
소개
Introduction

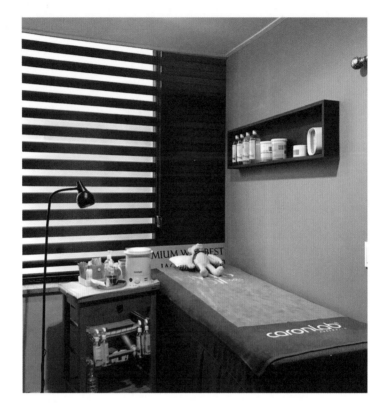

제이콥스뷰티센터 : 캐론랩 경기북부지사 의정부점(캐론랩 트레이너 인증숍)
대표 원장 : 최혜원 (전) 예담 평생교육원 원장

(현) 제이콥스뷰티센터 원장, 캐론랩 트레이너, 경기북부지사

1 페이스 – 풀페이스 | 아이브로우 | 립 | 헤어라인 | 뒷목

페이스 라인은 피부 타입별 애프터 반응이 다르기 때문에 전·후 관리에 차별화를 둡니다.

구분	내용
지성피부	• 왁싱 전 유분기가 많고 피지선이 발달되어 있는 지성피부는 왁싱 전 클렌징에 각별히 신경을 쓰도록 합니다. • 자극 없는 효소나 클렌징 디바이스를 이용해 클렌징을 하여 왁싱의 효과를 극대화 할 수 있습니다.(제이콥스는 루미스파 이용 중) • 후처리 또한 피지선이 발달되어 있는 헤어라인과 뒷목같은 경우 뾰루지가 올라올 수 있으므로 진정 관리에 신경을 쓰도록 합니다. • 알로에 성분의 진정팩과 냉각 관리가 도움이 됩니다.

구분	내 용
건성·민감피부	• 해당 피부타입은 미세한 물리적 자극에 민감한 반응이 나타날 수 있으므로 후처리에 더욱 신경을 쓰도록 합니다. • 클렌징은 캐론랩의 전처리제를 사용하며, 왁싱 중 온도 체크도 각별히 신경을 씁니다. • 후처리는 수분라인 진정팩과 앰플 등을 추가하여 건조하고 민감한 피부에 왁싱과 물광 효과 즉, 1+1 관리템으로 마케팅할 수 있습니다.

2 페이스 왁싱 콜라보레이션

풀페이스 왁싱
- 풀페이스는 얼굴 전체 제모뿐만 아니라 각질이 함께 제거되므로 물광피부를 표현할 수 있는 장점이 있습니다.
- 갈바닉 기기를 이용해 얼굴 라인에 탄력을 잡아주고 앰플과 수분팩 관리를 하는 콜라보 관리는 고객들을 재방문으로 이어지게 하는 효자 관리템이 될 수 있습니다.

헤어라인/ 아이브로우
- 이마와 눈썹은 2가지 유형이 있습니다.
  A. 좁은 이마와 숱이 많은 눈썹
  B. 넓지만 라인이 지저분한 이마와 숱은 적지만 디자인이 필요한 눈썹
- A와 같은 케이스는 왁싱(Waxing) 단독관리로 만족스런 결과물을 완성할 수 있으나, B와 같은 케이스는 왁싱(Waxing) 후 빈 곳을 채울 수 있는 관리와 콜라보를 하면 고객의 만족도 물론 매출의 성장으로 이어질 수 있습니다.
- 그 예로 헤어라인은 SMP(Scalp micro pigmentation, 두피문신) 관리로 하며 왁싱(Waxing)으로 라인을 다지고 숱이 부족한 부분은 채워주는 콜라보입니다.

눈썹
- 반영구 시술 전·후 디자인을 유지해 주는 왁싱(Waxing) 관리로 재방문을 유도할 수 있습니다.
- 현재 경기북부지사 제이콥스는 2가지 콜라보로 관리 중이며 고객들의 높은 호응도로 예약이 상승 중에 있습니다.

3 바디·브라질리언 왁싱 – 언더암 | 팔, 다리 | 배레나롯 | 브라질리언

바디 왁싱(Waxing) 중 다리 왁싱(Waxing)과 브라질리언 왁싱(Waxing)은 후 관리에 더욱 신경을 씁니다. 시술 후 각질관리에 대해 고객 애프터 교육을 충분히 진행하여, 건조함과 인그로운 헤어로 불편함이 없도록 합니다. 왁싱(Waxing) 후 주의 사항 안내는 꼭 자세하게 안내하는 것이 필수이며, 캐론랩 사후 케어 제품 안내도 하여 홈케어의 중요성을 알립니다.

2.
왁싱숍 노하우
Know-how

☐ 페이스 왁싱

디자인이 필요한 페이스 라인은 베드 시술보다는 체어 시술이 리스크가 적습니다. 헤어라인과 브로우 디자인은 고객과 충분한 상담을 한 후 진행하며, 시술 중에도 중간 체크를 하면서 신중하게 시술을 해야 클레임 없는 고객 만족의 결과물이 완성될 수 있습니다.

풀페이스 왁싱	• 풀페이스 왁싱(Waxing)은 베드 시술을 추천하며, 모가 집중되어 있는 구레나룻 주변, 볼 주변 등은 최대한 텐션을 유지하며, 왁스를 넓게 도포하기보다는 좁고 신속하게 도포·제거하여 자극과 통증을 최소화합니다.
브라질리언 왁싱	• 첫 브라질리언 고객일 경우 시저를 최대한 활용합니다. • 첫 시술은 모의 길이감이 있기 때문에 컷팅을 최대화하되, 조심스러워야 하며, 왁스 도포와 제거 시 고객이 느끼는 불편함이 없을 길이감으로 컷팅합니다.(1~1.5cm)
바디 왁싱	• 주로 소프트 왁스를 사용하는 다리 왁싱(Waxing)과 달리 팔 왁싱(Waxing)은 필름 왁스를 추천합니다. • 하드 왁스와 소프트 왁스 장점의 결정체인 필름 왁스는 얇고 부드럽게 어떤 방향이든 도포하기가 편리해 팔 왁싱(Waxing)에 매우 적합합니다.

3.
왁싱 후 홈케어 조언
Home care

☐ 페이스 왁싱

왁스는 모와 피부 표피의 각질이 함께 제거되기 때문에 순간 건조함을 느낄 수 있으며, 피부 예민도에 따라 홍조나 붉은 반응이 생길 수 있습니다. 그렇기 때문에 시술 후 홈케어는 필수입니다. 시술 후 모공이 완전히 닫히는 3일 동안은 수분 공급을 충분히 공급해 주며 필링제품(이하, 산성분 제품은 자제함)을 사용합니다. 그 이후에 자극이 없는 제품을 이용해 각질 관리를 해주면 왁싱(Waxing) 후 안정된 피부컨디션을 유지할 수 있습니다.

☐ 브라질리언 왁싱

왁싱(Waxing) 후 인그로운 헤어 발생율이 가장 많은 브라질리언 왁싱(Waxing)은 시술 후 3일 동안은 감염으로부터 주의해야 합니다. 피부 마찰과 공공장소의 사우나, 수영은 금하며 스크럽 관리를 신경 써 인그로운 헤어가 생기지 않도록 합니다.

☐ 바디왁싱

바디왁싱(Waxing)은 종종 다음 회차 관리 시까지 기다리지 못하고 쉐이빙을 하는 경우가 있는데, 그럴 경우 왁싱(Waxing)의 장점 효과가 물거품이 되므로 절대 면도날이나 눈썹칼 등을 사용하지 않는 것이 좋습니다. 바디 왁싱(Waxing) 또한 각질이 올라오는 시점부터 바디 스크럽에 신경쓰고 진정, 수분 성분의 케어 제품을 사용하여 인그로운 헤어 없이 모의 질을 개선하며 다음 관리 시까지 홈케어를 유지합니다.

1.
왁싱숍 소개
Introduction

저는 대구광역시 북구에서 '이츠 왁싱숍'을 운영하고 있는 이채은 원장입니다. 2015년 처음 왁싱(Waxing)을 시작하여 10년차로 왁서활동을 하고 있습니다. 1인숍으로 왁싱숍을 오래 운영했으며 남자 브라질리언 왁싱(Waxing) 시술을 남들보다 일찍 시작하여 지역 내에서 빠르게 자리 잡아 나름 유명한 왁싱숍으로 이름이 나왔습니다. 각종 뷰티 대회에서 왁싱(Waxing) 분야와 관련해 심사장, 분과위원장, 총괄위원장 등을 역임하였으며 최근 월드 K 뷰티페스티벌 10회 대회장을 지냈으며 왁싱(Waxing) 수강을 통해 앞으로 자리 잡을 왁서들의 올바른 왁싱(Waxing) 문화를 위해 노력하고 있습니다.

2.
왁싱숍 노하우
Know-how

🔳 하드 제형에 따른 스킬

저는 다양한 브랜드와 다양한 제형의 왁스를 접하면서 하드 왁스 제형에 따른 스킬에 대해 많은 노하우를 쌓았습니다. 예를 들어 스파츌라를 도포하는 각도나 속도, 온도 등을 하나의 정답으로 정의할 수 없다는 것입니다. A라는 브랜드의 어떤 제품 같은 경우는 제모력이 아주 강하고 모를 잘 잡지만 피부에 강한 자극을 주어 스킨 탈락을 줄 수 있기 때문에 오일을 도포하여 피부를 보호하는 과정을 거치게 됩니다. 그로 인해 왁스를 도포할 때 스파츌라에 압을 거의 주지 않고 왁싱(Waxing)할 부위에 얹어 주듯 45도 정도의 각도로 도포하는 것이 정석이지만, B라는 어떤 제품 같은 경우는 굳는 속도가 느리고 잔모 제모력이 뛰어나긴 하지만 압이 없으면 모를 잡는 힘이 약해지기 때문에 텐션을 잘 잡아 주고 거의 90도 각도로 도포 후 그 위에 두께를 쌓는 방식이 정석입니다.

하나의 브랜드에 보통 3개 이상의 다양한 제형의 왁스가 출시되는 만큼 국내에서 사용되는 수많은 제품을 다 이해하기 위해서는 제형에 따른 스파츌라 사용법과 다양한 스킬이 필요하게 됩니다. 그는 왁서의 스킬업뿐만 아니라 고객의 만족도를 높이는 시술이 가능해지며 고객의 피부 상태에 따라 자극을 줄인다든지 강하고 짧은 모를 완벽하게 잡아낸다든지의 완벽한 시술을 보장할 수 있게 됩니다.

2 슈가 왁스와 하드 왁스

저는 왁싱(Waxing)을 슈가 왁스와 하드 왁스를 모두 사용하는 숍으로 시작했습니다. 고객분들은 묻습니다. "슈가 왁스와 하드 왁스 어떤 게 더 좋은가요? 슈가 왁스는 안 아프다던데요?" 저는 항상 이렇게 대답합니다. 시술자가 가장 잘하는 왁싱(Waxing) 방법이 가장 안 아프고 좋은 왁싱(Waxing)입니다.

하드를 전문으로 하는 시술자에게 하드로 받았을 때와 슈가 왁스로 받았을 때 당연히 하드 왁스를 사용하는 것이 덜 아플 것이고 슈가 왁스로 받았을 때 더 아플 것입니다. 물론 그 반대의 상황이 있기도 합니다.

처음 슈가 왁스가 국내에 출시 되었을 때의 '슈가 왁스는 먹을 수 있을 만큼 천연성분이다'라는 타이틀이 많았습니다. 사실 그 부분은 오래가지 못했습니다. 성분보다 중요한 건 통증을 잡는 것이고 통증을 잡아내지 못하면 오히려 하드 왁스보다 훨씬 더 고통스러운 것이 슈가 왁스입니다. 모든 부분이 그렇지만 결국 중요한 것은 슈가 왁스 테크닉을 연습하기 전에 슈가 왁스를 도포하는 방법과 슈가를 밀착시키는 방법 그리고 슈가를 피부에서 떼어내는 과정 모두를 이해하는 것입니다. 견인통을 잡아 통증을 줄이고 도포만큼이나 중요한 밀착 과정과 슈가 왁스가 뭉쳐서 피부에서 떼어지지 않을 때의 스킬이 가장 중요합니다. 연습만큼이나 중요한 이해과정을 중요하게 여긴다면 훨씬 더 나은 스킬을 보유할 수 있을 것입니다.

3 페이스 왁싱 디자인

처음 왁싱(Waxing) 디자인을 배울 때 눈썹 디자인과 헤어라인 디자인을 잡는 것에 대해 약간의 강박이 생기기도 합니다. 눈썹과 헤어라인 디자인의 경우 정말 체모 한두 개를 잘못 뽑으면 디자인 자체가 완전 달라지기 때문에 고객의 컴플레인이 들어올 수 있습니다. 그래서 디자인이 더 중요한 부분입니다. 많은 교육자료에서 눈썹을 그리는 공식과 헤어라인을 그리는 공식을 알려주곤 합니다. 물론 정답이 있는 것도 맞지만 어느 정도 눈썹과 헤어라인 디자인의 개념을 쉽게 보는 것도 중요한 '테크닉'이라고 봅니다.

저는 헤어라인 시술 시에 고객의 엄지손가락을 제외한 손가락 4개를 눈썹 위에 얹었을 때의 손의 끝을 맥시멈으로 잡고 가운데에 기준을 정하고 눈썹 끝부분에서 손가락 한마디 정도를 잡아 가운데 부분과 이어주어 디자인을 합니다. 그러면 가장 자연스럽고 얼굴이 작아 보이는 계란형의 헤어라인을 만들 수 있습니다.

눈썹 디자인	• 눈썹 디자인의 경우 고객의 얼굴형이나 눈썹 디자인의 황금비율도 이론적으로는 중요하지만 실제 숍에서의 디자인은 고객이 원하는 디자인이 뚜렷하게 있는 것이 아닌 이상 고객의 빠른 결정이 중요하기 때문에 선택권을 여러 개 주어서는 안 됩니다.
	• 시간이 돈인 뷰티숍에서 디자인에 시간을 너무 많이 투자하거나 선택권을 많이 주어서 결정을 못 하게 되면 많은 부분 손해를 입게 됩니다.
	• 고객에게 디자인 선택권을 2개 정도 넌지시 건넵니다.
	• 기본적으로 일자 형태를 가장 많이 하고 가끔 일자에서 세미 아치형을 하는 분도 있습니다. 이때 "눈썹 사이가 높은 게 좋으세요?" 라고 물었을 때 "산이 높은 게 좋아요" 라고 답을 하는 분은 세미 아치형으로 진행하고 "산이 낮은 게 좋아요" 라고 하면 일자형으로 진행하는 것이 좋습니다.
	• 기본형, 세미 아치형, 아치형, 산이 높은 형 등 너무 많은 선택권을 알려주는 것은 오히려 고객에게 혼란을 주기 때문에 시술자의 판단으로 어느 정도 정해서 안내하는 것이 시술자에게도 고객에게도 훨씬 빠르고 만족도 있는 왁싱(Waxing)을 이끌어 낼 수 있습니다.

4 뷰티업계의 타겟팅 마케팅

뷰티업계에서도 엄청난 마케팅 열풍이 불고 있습니다. 입소문이나 어느 정도의 광고로 효과를 보던 때는 이제 과거의 일입니다. 1인숍부터 대형숍까지 가장 중요하게 생각하는 부분이 브랜드의 이미지와 마케팅인 만큼 많은 비용을 투자하거나 셀프로 마케팅에 도전하는 원장님들이 많아졌습니다. 비용을 절약하고 더 많은 효과를 보기 위한 마케팅이 무엇일까요? 바로 '타겟팅 마케팅'입니다.

타겟팅 마케팅	• 많은 사람에게 숍을 알리고 홍보가 되는 것도 중요하지만 광고를 보았을 때 실제로 숍에 유입되는 고객이 얼마나 되는지가 정말 중요한 포인트입니다.
	• 왁싱(Waxing)에 관심이 있을지 없을지 모르는 10~60대의 다양한 연령대에 100개의 광고비를 내고 광고하는 것이 나을까요? 왁싱(Waxing)에 관심이 많은 20~40대의 연령대에 같은 비용의 광고를 100개 하는 것이 나을까요? 당연히 후자를 선택하시겠죠?
	• 타겟팅 광고는 광고를 했을 때 유입될 확률이 높은 고객을 타겟팅하여 마케팅하는 것을 말하며 이미 다양한 광고 회사에서 사용하고 있는 방법입니다.
	• 페이스북이나 인스타 그리고 네이버 광고 시스템 등 모두 타겟팅을 설정해서 광고할 수 있는 방법이 있습니다. 그는 연령대뿐만 아니라 지역과 성별 그리고 관심사까지 다양하게 타겟팅할 수 있으며 특히 지역같은 경우는 엄청난 광고비 절약을 할 수 있습니다.
	• 대구에서 오픈 행사를 한다는 것을 제주에 있는 고객이 보고 올 확률이 얼마나 될까요? 같은 행사를 대구에 있는 고객이 본다면 최소한 나중에 한번 가볼까?하는 확률을 높여 줄 수 있습니다.
	• 타겟팅 광고를 잘 하기 위해서는 기존 고객들의 특성을 잘 파악하고 숍에 오는 고객들의 지역, 성별, 특징에 대해 잘 구분하여 기록하는 것이 중요합니다.
	• 기록된 자료를 가지고 숍에 오는 고객들의 특징을 타겟팅 잡아 마케팅을 한다면 훨씬 더 많은 효과를 보실 수 있을 겁니다.

5 고객을 대하는 법

고객을 대하는 습관은 정말 중요합니다. 긍정적인 사고를 가지고 있는 사람은 타인을 대할 때 편견없이 보기 때문에 언제나 밝은 마인드로 타인을 대할 수 있습니다. 제가 왁싱숍을 시작하면서부터 지금까지 지켜오고 있는 것이 있습니다. 바로 '고객을 욕하지 말자'입니다. 직원교육에서도 필히 중요시여기는 일이기도 합니다.

존칭어 사용 및 메모	• 고객 성함 뒤에 꼭 '님'을 붙여서 평상 시 언행에서도 고객을 소중히 여기고 고객의 입장에서 이해하려는 습관을 들이고 나도 모르게 고객의 이야기가 나왔을 때 서로 그냥 '그 사람이 왜 그랬을까?' 하며 이해하려는 노력을 하고 있습니다. 남을 욕하는 것만큼 본인이 피곤한 일이 없습니다. 남을 욕하면서 생성되는 짜증과 스트레스가 오히려 더 독이 됩니다. • 손님에 대한 기본적인 사항을 꼼꼼히 메모하는 것도 중요합니다. 손님에 대한 칭찬(귀여움, 해맑음, 덩치가 좋으심) 등 손님의 장점을 메모해 놓으면 다음 방문 때 메모를 보고 그 손님에 대한 이미지를 좋게 인식하여 손님을 대하는 태도가 달라지게 됩니다.

6 왁싱, 정석은 있지만 정답은 없다.

브랜드마다 왁스를 사용하는 방법이 다른 것은 맞지만 왁싱(Waxing)을 하는 정석은 정해져 있습니다. 예를 들어 소프트 왁싱(Waxing)은 최대한 넓고 얇게 모의 방향으로 도포하고 무슬린 천으로 잘 밀착한 뒤 떼어내고 버리는 것이지만 왁싱숍 스킬은 조금 다를 수 있습니다. 떼는 방향이나 도포 방법이 왁싱숍 스킬에서는 조금 다르게 좀 더 빠르고 정확하게 왁싱(Waxing)할 수 있도록 일부러 살짝 더 도톰하게 해서 마찰을 좀 더 일으켜 한번에 바를 수 있는 스피드 왁싱(Waxing)이 있을 수 있습니다.

항상 기본 정석대로 하는 것이 맞지만 그게 정답이라고 할 수는 없습니다. 그게 바로 기술입니다. 새로운 기술은 언제 어디서나 발견되고 새로운 기술을 발견할 수 있는 것이 '나' 일 수도 있다는 점을 알아두면 좋겠습니다.

바비 왁싱(숍) & 경기 안양 왁싱교육인증센터

유재은 원장님

1.
왁싱숍
소개
Introduction

안녕하세요. 저는 안양 범계역에 있는 '바비 왁싱숍'을 운영하는 유재은 원장입니다.

저희 숍은 5개의 프라이빗룸과 샤워부스가 아닌 샤워실을 구비한 숍으로 고객님들이 방문할 때 다른 분들과 접촉 없이 시술받을 수 있도록 쾌적하게 인테리어 한 것이 장점입니다.

캐론랩 교육인증센터로 트레이너 전문가 교육을 받은 원장과 같은 교육을 받은 직원들로 구성되어 있어 시술 시 비슷한 결과물을 만들어 내어 어떤 선생님이 시술에 들어가도 한 명이 시술해 준 느낌을 받게 합니다.

2.
왁싱숍
노하우
Know-how

1 부가적인 관리 – 아쿠아필 시술

저희 숍은 왁싱(Waxing)뿐만 아니라 다른 부가적인 관리도 함께 진행하고 있습니다.

왁싱(Waxing)으로 해결이 안 되는 피지나 속 건조를 잡아줄 수 있는 아쿠아필 시술도 함께 해서 아쿠아필 시술로 피지를 확실하게 제거 후 왁싱(Waxing)으로 잔모 정리까지 할 수 있는 토탈 멀티숍입니다.

여름철이나 환절기에 아쿠아필 시술과 페이스 왁싱(Waxing)이 고객님들께서 많이 찾는 인기 있는 시술 중 하나입니다.

2 짧은 시술 시간

저희 숍은 고객님의 니즈를 단시간에 정확하게 파악하여 따로 펜슬로 라인을 잡고 들어가지 않아 시술 시간을 확실하게 단축합니다.

눈썹칼로 밀었을 때는 하루 이틀이면 자라던 모들이 더 오랫동안(약 1~2주) 모가 자라지 않고 깔끔한 상태를 유지할 수 있기 때문에 눈썹 왁싱(Waxing)은 왁싱(Waxing) 중에서 인기가 높은 시술입니다.

페이스 왁싱	• 페이스 왁싱(Waxing)같은 경우는 풀 페이스 왁싱(Waxing) 시 클렌징부터 시작해 왁싱(Waxing) 후에는 초음파 기계와 알로에겔로 1차 진정을 해준 뒤 쿨링진정 기계로 2차 진정을 한 후 led 기계까지 올려 확실하게 피부가 진정이 될 수 있도록 합니다.
	• 여기서 단순하게 모를 뽑아내는 것이 아니라 눈썹, 헤어라인, 구레나룻 등 라인 정리가 필요한 부분들의 시술은 인위적인 모양으로 시술하는 것이 아니고 본인이 가지고 있는 라인을 최대한 살리면서 고객과 상의 후 시술이 진행됩니다. 이렇게 해서 총 시간은 한 시간 정도 소요됩니다.

3 전문가 선생님들로 구성 – 저자극·저통증 시술

저희 숍은 풀 페이스 왁싱(Waxing) 전체를 소프트로 할 수 있는 실력을 갖춘 선생님들로 이루어져 있습니다.

하드 왁스로 잡히지 않는 얇고 미세한 잔모까지 확실하게 잡아줄 수 있는 스트립 왁스를 잘 다룰 때까지 시술에 들어가지 않고 연습을 합니다. 이러한 과정을 통해 확실한 전문가 선생님들로만 구성되어 있다는 것이 타숍과는 비교할 수 없는 큰 장점입니다. 그래서 통증을 유발하는 시술이지만 빠르고 정확하고 확실하게 하여 '저자극 저통증 시술'로 숍이 운영되고 있어 많은 분들이 만족해 하고 있습니다.

페이스 왁싱	• 페이스 시술에서는 페이스 왁싱(Waxing)뿐만 아니라 아쿠아필 시술도 많이 찾습니다.
	• 특히, 결혼사진 촬영이나 본식을 앞둔 여성 고객님들께서 아쿠아필 시술로 피부 결과 피지를 정돈한 후 왁싱(Waxing)으로 얼굴에 맞는 예쁜 라인 정리를 합니다.
코 왁싱	• 코부분은 왁싱(Waxing)으로는 미세모 제거와 아주 소량의 피지만 제거될 뿐 궁극적으로 고객님이 원하는 깨끗하고 반들반들한 피부는 되지 않아서 코는 아쿠아필 시술로 피지 제거를 도와드리고 왁싱(Waxing)으로 잔모를 정리합니다.
	• 왁싱(Waxing)만으로도 만족하시지만, 아쿠아필 시술로 확실하게 피지 제거를 하여 더욱 빛나는 물광 피부가 되면 고객의 만족도가 200% 올라갑니다.

4 브라질리언 왁싱

보통 왁싱숍에서 가장 많이 하는 시술은 브라질리언 왁싱(Waxing)입니다. 브라질리언 왁싱(Waxing)은 눈썹 왁싱(Waxing)처럼 결과물을 만들어 내는 것이 아닌 단순히 모를 모두 제거하는 시술입니다. 그리고 가장 많은 통증을 유발하는 부위입니다.

통증을 적게 느끼는 시술을 하기 위해 시술자는 본인이 원하는 부위에 정확하게 왁스를 도포하는 것을 중점적으로 생각하고 시술해야 합니다.

- 왁스가 발리는 옆에 있는 불필요한 모들이 딸려 오지 못하도록 텐션을 위, 아래, 옆으로 잘 준 후 도포하고자 하는 부위의 안쪽 모들부터 모부터 가른다는 느낌으로 왁스를 도포하여 옆에 모가 같이 딸려오지 못하게 시술합니다.
- 옆에 있는 모가 엉켜있지 않고 정확하게 한 부위에 도포해야 모가 제거될 때 고객님들도 통증이 적다고 느낍니다.
- 패치는 최소 2개부터 많게는 6개 정도까지 붙이며 시술합니다.
- 룸에서 빨리 나가는 것이 고객님들이 덜 아프다고 느끼기 때문에 스피드 있게 시술을 합니다. 하지만 스피드에만 치중하지 않고 고객의 피부 상태를 봐 가며 왁스 도포를 자유자재로 더 두껍게 바르거나 꾹꾹 눌러 바르거나 완전 살살 얹어 바르는 등의 테크닉을 구사해야 합니다. 그래야 피부 자극이 최소화되면서 왁싱(Waxing) 후 빨리 가라앉습니다.
- 여성 브라질리언은 20~30분을 넘지 않게 하고 남성 브라질리언은 30~40분을 넘지 않게 시간을 확인해 가며 시술합니다.
- 간혹 너무 뜨거워하거나 아파하면 선풍기를 틀어주거나 화장솜을 물에 적신 후 아이스팩 위에 올려두었다가 왁스가 떼진 부분에 올려놓아서 통증을 완화시킵니다.

⑤ 왁싱할 때 주의 사항

왁싱(Waxing)할 때는 신경 쓸 부분이 많지만 가장 중요한 것은 고객님이 최대한 편안하게 받을 수 있도록 만드는 것이라고 생각합니다. 시술 후에는 알로에겔과 피부 유형에 맞는 티트리 로션이나 망고 로션을 발라주고 그 위에 led 기계를 올려 피부를 진정시킵니다.

- 바디 왁싱(Waxing)도 마찬가지로 많은 통증을 유발하는 부위입니다.
- 특히, 남성분들 다리 왁싱(Waxing) 같은 경우는 많은 면적을 제거해야 하므로 더욱 신중하고 빠르게 시술을 끝내야 합니다.
- 여자 다리 전체 30~40분 사이, 남자 다리 전체 40~50분을 넘지 않도록 스피드하게 시술하는 것이 관건입니다.
- 바디 왁싱(Waxing)은 브라질리언 왁싱(Waxing)과는 다르게 바르고 떼어내는 면적이 훨씬 크기에 더욱 신중을 가하여 스킨 탈락 없이 모를 제거해 줍니다.
- 무슬린 천으로 모를 제거해 주며 이때 주의해야 할 점은 무슬린 천을 떼어낼 때 손이 하늘로 가는 것이 아닌 왁스가 도포된 그 방향 그대로 일직선으로 떼어내 주어야 합니다. 그렇지 않으면 모가 다 끊겨서 인그로운 헤어를 더 많이 유발하게 되므로 정확한 스냅으로 무슬린 천을 제거해 주어야 합니다.

팔 왁싱	• 팔 왁싱(Waxing)은 바디 왁싱(Waxing) 중에 스킨 탈락이 가장 많이 나는 부위로 특히 여성분들한테 생길 가능성이 큽니다. 그 이유는 팔의 피부가 얇고 시계나 팔찌 등 액세서리를 착용한 부위는 시술이 들어갔을 때 잠깐이라도 긴장을 놓치면 스킨 탈락이 나곤 합니다.

팔 왁싱
- 팔 왁싱(Waxing)은 바디 왁싱(Waxing) 중에 스킨 탈락이 가장 많이 나는 부위로 특히 여성분들한테 생길 가능성이 큽니다. 그 이유는 팔의 피부가 얇고 시계나 팔찌 등 액세서리를 착용한 부위는 시술이 들어갔을 때 잠깐이라도 긴장을 놓치면 스킨 탈락이 나곤 합니다.
  그럴 때에는 전처리 과정을 굳이 하지 않고 시술에 들어가거나 오일처리를 살짝해 주어 스킨 탈락을 방지합니다.
- 팔 왁싱(Waxing)할 때는 다리 왁싱(Waxing)할 때와 다르게 도포를 최대한 살살 얹듯이 해주고 압도 최대한 살살 주면서 모를 제거해 자극을 최소화합니다.

다리 왁싱
- 다리 왁싱(Waxing)은 모의 두께만큼 왁스를 도포하고 무슬린 천도 모가 두꺼울수록 더 확실하게 밀착해서 모를 빠르게 제거해 줍니다.

3.
왁싱 후 홈케어 조언
Home care

■ 시술 후 관리의 중요성

왁싱(Waxing)은 모의 모근까지 제거하는 시술이기 때문에 피부가 어쩔 수 없이 자극을 받을 수밖에 없습니다. 시술할 때의 위생도 중요하지만, 시술 후의 관리도 굉장히 중요합니다.
후 관리는 선택이 아니라 필수로 왁싱(Waxing) 후 모든 부위에는 스크럽과 보습이 가장 중요합니다.
왁싱(Waxing)은 단순히 모를 뽑아내는 목적이 아니라 삶의 질을 상당히 높이는 치료에 가까운 시술이라고 생각합니다.
숍에서는 위생적인 시술로 고객님들께 만족스러운 시술을 해 드리고 고객님들은 집에서 할 수 있는 후 관리로 더욱 쾌적한 삶을 누릴 수 있습니다.

페이스 왁싱
- 페이스 왁싱(Waxing) 같은 경우에는 모가 얇다 보니 인그로운 헤어가 잘 생기지는 않아 많은 분이 후 관리를 별로 신경쓰지 않는 경우들이 있습니다. 하지만 왁싱(Waxing)한 당일은 보습과 진정에 신경을 꼭 써야 합니다.
- 알로에겔이나 수딩젤을 발라주고 자기 전에는 보습크림을 듬뿍 바르고 자는 것을 추천합니다.
- 시술을 받은지 일주일 정도 지난 후에는 페이스 스크럽으로 피부 결 정돈을 해 주고 꼭 보습크림을 발라주어야 합니다.

브라질리언 왁싱
- 브라질리언 왁싱(Waxing)도 마찬가지도 시술 당일에는 피부 진정에 도움이 되는 알로에겔이나 수딩젤을 발라주면 좋고 최소 5일에서 일주일 후부터는 스크럽을 꼭 해 주어야 합니다.
- 스크럽은 페이스용 말고 바디용으로 알맹이가 큰 것을 추천하고 모가 자라는 반대 방향으로 롤링해 주며 1~3분 정도 각질제거를 확실하게 해 줍니다.

스크럽 후 보습	• 인그로운 헤어가 심하신 분들은 스크럽을 물기가 없는 상태에서 롤링을 해주는 것을 추천합니다.
	• 다리도 마찬가지로 인그로운 헤어가 많이 생기는 부위로 스크럽은 꼭 필수입니다.
	• 다리도 바디용 스크럽을 사용하여 스크럽을 해 주어야 합니다.
	• 스크럽을 사용하면 각질이 제거되어 피부가 건조해져 스크럽 후 보습은 필수입니다.
인그로운 헤어	• 보습이 제대로 되지 않으면 피부가 건조하게 되어 모가 제대로 자라지 못하고 인그로운 헤어가 될 가능성이 생깁니다. 입이 닳도록 모든 고객님께 말씀드립니다.
	• 스크럽과 보습은 꼭 필수로 해야 하는 왁싱(Waxing)의 일부입니다. 하지만 스크럽과 보습크림으로만 인그로운 헤어가 방지되는 것은 아닙니다.
	• 피부 타입이나 체모에 따라서 인그로운 헤어가 생기기도 안 생기기도 합니다.
	• 스크럽을 열심히 해 주고 보습을 열심히 해 주어도 인그로운 헤어가 계속 생겨난다면 기능성 제품을 사용하여 인그로운 헤어를 방지해 줍니다.
	• 데일리로 사용할 수 있는 캐론랩 범프이레이져 콘센트레이티드 세럼이나 범프이레이져 트리플 액션 로션을 발라주는 것을 추천합니다.
	• 인그로운 헤어가 생겼을 시 범프이레이져 메디페이스트를 발라주면 1~2일 안에 염증 또는 인그로운 헤어가 진정됩니다.
	• 기능성 제품은 모든 선생님이 다 사용해 보고 본인이 느낀 점을 정확하게 고객님들께 전달합니다.

바이로움 왁싱(숍) & 경기 하남 왁싱교육인증센터 전현아 원장님

1.
왁싱숍
소개
Introduction

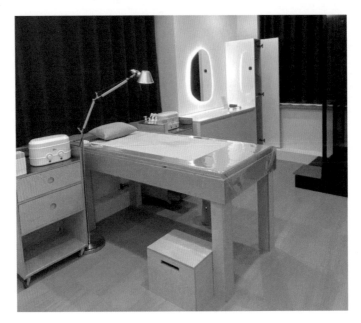

하남 미사에 위치한 왁싱 전문숍 '바이로움 왁싱' 전현아 원장입니다.

저희는 한 번 사용한 스틱은 두 번 사용하지 않는 노더블딥(No Double Dip) 관리를 철저히 준수하며 안전한 왁싱 관리를 하고 있습니다. 왁싱 도구는 대부분 위생적인 일회용이며 집기는 관리 전·후로 철저하게 알콜 소독을 하는 청결한 왁싱숍입니다. 개인룸이 2개 있으며 각 룸 안에는 샤워부스가 있어 고객님들의 위생 만족도가 높고 동시간대에 관리를 원하는 커플 또는 지인이 함께 방문할 수 있도록 왁싱 서비스를 제공하고 있습니다. 뿐만 아니라 '관리 속도가 빠르고 덜 아프다' 라는 고객님들의 입소문 덕분에 현재는 통증에 대한 염려가 큰 임신부 왁싱으로 자리잡힌 '임신부 왁싱' 전문숍입니다. 덜 아픈 왁싱을 체험해 볼 수 있는 기회를 드리고자, 브라질리언 왁싱 첫 방문 고객님들께는 50% 할인 혜택 행사를 상시 운영 중이며, 리터치 기간(두 달 내)에 방문하면 40% 할인 혜택을 드리고 있습니다. 별도로 패키지권을 운영하지는 않지만 왁싱숍을 이곳 저곳 다니는 '왁싱 유목민' 고객들을 위해 원하는 분들에 한에서 한 달만 깜짝 패키지권을 오픈하기도 합니다. 패키지권이 상시적으로는 없기 때문에 재방문해 주는 고객님들께 더 합리적인 왁싱 서비스를 제공하고자 네 번째 재방문에는 첫 방문의 50% 할인 혜택을 한 번 더 제공하고 있습니다.

2.
왁싱숍
노하우
Know-how

왁싱은 '통증'이 동반되는 관리로 고객님들께서 제일 선호하는 것은 '덜 아프고 빠른 왁싱'이라고 생각합니다. 그 니즈를 충족시켜주기 위해서 어떻게 왁싱을 도와드려야 할지를 계속 고민하고 연구하고 있습니다. 또한, 페이스 왁싱 같은 경우는 디자인적인 감각도 필요합니다.

1 페이스 왁싱

눈썹	• 페이스 왁싱(Waxing)은 고객의 얼굴형에 따라 어떤 형태의 눈썹이 잘 어울리는지 또는 고객의 눈매에는 어떤 눈썹이 잘 어울리는지를 먼저 분석하는 것이 우선입니다. • 고객마다 어울리는 눈썹과 라인이 있기 때문에 다 같은 모양을 적용시키면 고객님들을 만족시키기 어렵습니다.
클렌징과 전처리	• 실전 왁싱으로 들어갈 때는 클렌징과 전처리가 중요합니다. • 클렌징이 제대로 되어 있지 않은 상태에서 페이스 왁싱을 진행할 경우 트러블이 올라올 확률이 높기 때문에 클렌징을 꼼꼼히 한 후, 스킨 탈락을 방지하기 위해 화장솜에 전처리 오일을 소량 펴 발라주는 것이 중요합니다.
남성의 경우	• 남성분같은 경우에는 유·수분 밸런스를 맞춰가면서 스킨케어를 하는 분들이 많지 않기 때문에 스킨 탈락이 생길 수 있으니 더욱 주의해야 하고 피부과를 다니는지도 체크 해야 합니다. • 피부과를 다니는 분들은 대부분 항생제 복용 또는 피지 분비 억제제를 먹고 있습니다. 관련 약을 섭취할 경우 유분이 많이 사라져 스킨 탈락이 발생할 확률이 더욱 높습니다. 그렇기 때문에 상담 때 충분히 세심하게 체크해 주어야 하며, 왁스 적용 시 수시로 오일을 활용하며 관리해야 합니다.
필러 관리 유무	• 페이스 부위의 경우는 필러 관리 유무도 체크해 가며 왁스를 떼어야 하며, 떼고 난 뒤에 진정 동작을 할 때 주의해야 합니다. • 페이스는 단모가 많기 때문에 제거가 원활하지 않은 경우 역방향으로 왁싱 관리해 보는 것을 권장드립니다.

2 브라질리언 왁싱

브라질리언 왁싱(Waxing)은 한 번도 안 받은 사람은 있어도 한번 받고 안 받는 분들은 없다고 하죠? 그만큼 경험해 보면 끊을 수 없는 것이 왁싱이기 때문에 첫 방문 고객님들께 너무 아프기만한 인상보다는 참을 만한 아픔이였지만 너무 편했더라는 인상을 심어줘야 합니다. 브라질리언 부위는 특히 노출로 인해 민망할 수 있으니 신속하고 덜아프게 관리를 도와드려야 합니다.

체모 길이 재단	• 첫 번째로는 체모의 길이를 재단하는 것이 가장 중요합니다. • 길이 재단을 꼼꼼하게 하지 않으면 왁스를 바를 때 끌려오는 체모들 때문에 왁스를 도포하거나 제거할 때 아플 수 밖에 없습니다. • 끌려오는 체모를 신경쓰느라 관리시간이 지연되거나 통증에 더 민감할 수 있기 때문에 체모의 길이 재단만큼은 신경써서 진행하는 것을 추천드립니다. • 왁싱을 적용하기에 적합한 길이는 약 1~2cm 정도가 적당하며 최대한 당기면서 재단해 주어야 합니다.

안 아픈 곳에서 시작	• 두 번째로는 제일 안 아픈 곳에서 시작하기입니다. • 처음부터 너무 아픈 곳부터 시작하면 고객님들은 시작부터 무서워서 계속 긴장모드로 들어가게 됩니다. 그렇기 때문에 제일 외곽부터 시작하여 차츰 차츰 안쪽으로 들어가는 것을 권장드립니다. • 항상 왁스의 손잡이 부분은 모에서 바르고 피부에서 끝나야 합니다. 만약 모에서 왁스 손잡이가 끝난다면 손잡이를 떼어낼 때 고객님께서는 계속 움찔움찔 따가워하게 됩니다.
분산시술	• 덜 아픈 왁싱은 뗄 때만 잠깐 아파야 덜 아픈 왁싱이 아닐까요? 체모가 길어서 바를 때도 아프고, 체모에서 끝나서 떼기 전에도 아프며 통증이 반복이 된다면 고객님들께 브라질리언 왁싱은 무서운 경험으로만 자리잡게 될 것입니다. 그리고 한 곳만 집중적으로 차츰 차츰 진행하면 신경이 그쪽으로만 쏠려 더욱 아픔을 느낄 수 있으므로 위, 아래 번갈아가면서 분산시켜주는 것도 좋은 방법입니다.

3 바디 왁싱

바디 왁싱은 체모의 방향에 맞추어 바르는 것과 빠르게 스냅을 주며 떼는 것이 가장 중요합니다. 너무 많은 부위를 한 번에 바르는 것 보다는 자기 힘으로 끝까지 책임질 수 있는 모들을 섹션 잡아가면서 진행하는 것을 권장드립니다. 여성분과 다르게 남성분들은 피부 각질이 두껍고 딱딱하며, 모근은 세기 때문에 중간에 체력적으로 힘이 풀리면 끊어지기 십상입니다. 팔꿈치 안쪽, 무릎 뒤쪽, 허벅지 등은 피부가 얇기 때문에 온도감을 더 느낄 수 있는 곳으로 왁스를 바르기 전에 고객님께 미리 말씀드려 인지시키는 것이 가장 좋습니다. 또한, 바디 왁싱 시 잔여물을 제거하고자 부직포로 제거하는 분들이 많습니다. 그 작업이 반복되면 고객님들께서 피부에 자극을 많이 느끼게 되니 조심해 주는 것이 좋습니다.

3.
왁싱 후
홈케어
조언
Home care

1 페이스 왁싱

페이스 왁싱(Waximg)같은 경우에는 약 3시간 동안은 화장은 피해주시고, 클렌징 제품 사용 시 클렌징 오일보다는 폼이나 워터 제형 사용하는 것을 권장합니다. 또한 유분감이 많은 유분크림보다는 수분크림 또는 진정효과가 있는 알로에를 발라주며 스크럽 같은 물리적인 각질케어는 일주일 뒤부터 하면 됩니다.

2 브라질리언 왁싱

브라질리언 부위는 당일 샤워는 가급적 피해주시고 만약에 샤워를 원하면 미온수 물로만 해주시는 것이 좋습니다. 당일 성관계라든지 마찰이 많이 있거나 땀이 많이 나는 운동도 삼가는 것이 좋습니다. 왁싱을 하게 되면 모근이 뽑혀나감으로써 모공이 같이 열리게 되는데 이 열린 모공이 닫히는데 대략 3일이라는 시간이 필요합니다. 따라서 세균 감염으로 인해 트러블이 발생될 확률이 높은 수영장, 사우나, 바닷가 등은 피해 주는 것이 좋습니다. 혹시라도 트러블이 발생했을 경우에는 만지거나 쥐어

짜지만 않으면 2~3일 안에는 가라앉지만 너무 오랫동안 가라앉지 않으면 약국에서 항염연고 구매 후 사용하는 것이 좋습니다.

또 브라질리언 피부는 얼굴 피부랑 비슷하기 때문에 우리가 얼굴에 매일 스킨, 로션 바르듯이 브라질리언 부위에도 인그로운 헤어를 예방하기 위해 보습과 각질케어를 해주셔야 합니다. 바디 로션이나 얼굴에 바르는 크림을 브라질리언 부위에 바르게 되면 미네랄오일 성분으로 인해 모공이 막혀 오히려 트러블을 유발할 수 있습니다. 왁싱 당일부터 체모가 자라나는 4주차까지는 호호바오일, 카렌둘라오일, 아쥴렌오일 등 100% 천연성분의 오일 사용을 권하며 바를 때는 화장솜에 덜어 사용하면 됩니다. 각질케어로는 흔히 알고 있는 스크럽으로 관리해 주면 되는데 일반 바디 스크럽은 입자가 두꺼워 브라질리언 부위에는 적합하지 않습니다. 전용 스크럽 사용하거나 입자가 작은 페이스 스크럽 사용을 권장드립니다.

각질케어
- 각질케어는 왁싱 후 최소 5일 뒤부터 4주차까지 주 2~3회로 관리해주면 됩니다. 스크럽 제품으로 사용해도 되지만 씻어내는 불편함을 느끼는 분들은 인그로운 헤어 전용 스프레이를 추천드립니다.
- 스프레이형 타입은 각질과 피지를 녹여주는 올인원 제품으로 관리가 힘드신 고객님들이 사용하기 좋은 제품입니다. 다만, 이런 스프레이형 타입은 AHA랑 BHA 성분이 들어가 있기 때문에 임신부 또는 피부가 많이 예민한 고객분들께는 추천하지 않습니다.

3 바디 왁싱

바디 왁싱 케어 방법으로는 동일하게 당일 샤워는 피해주는 것이 가장 좋으며 3일 뒤부터 바디 로션을 사용하는 것을 권장드립니다.

스크럽 같은 각질케어 제품은 약 5일 뒤부터 사용하면 됩니다. 특히, 책상에 앉으면 많이 닿는 팔 부위, 옷을 입고 벗을 때 쏠리는 무릎, 앉아있으면 쏠리는 허벅지 등은 각질이 많이 쌓이는 곳이기 때문에 스크럽을 놓치지 않도록 고객님들께 자세히 안내하는 것이 좋습니다.

> ### Tip!
> **트러블에 관한 클레임**
>
> 왁싱숍을 운영하다보면 트러블에 관해서 클레임 또는 왁싱 전 고민 사항으로 많은 문의가 있을 텐데 사전에 미리 충분한 상담을 한 뒤에 관리 진행해드려야 합니다. 왁싱 후 생기는 트러블은 피부 면역력이나 컨디션에 따라 올라오는 것이기 때문에 왁서가 얼마나 발생한다고 미리 예측할 수 없다는 부분에 대해서 충분히 설명해야 하며, 관리 방법에 대해서도 반드시 인지시켜드려야 합니다.

1.
왁싱숍
소개
Introduction

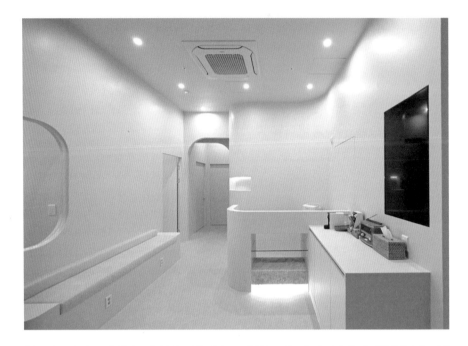

청주 캐론랩 인증교육센터를 운영하고 있는 '디오브 왁싱 & 에스테틱' 이다혜 대표원장입니다. 저희 숍에서는 호주 프리미엄 브랜드인 캐론랩 제품을 이용해 저자극, 스피드 왁싱(Waxing)을 도와드리고 있습니다. 피부타입과 왁싱(Waxing) 부위별에 알맞은 왁스를 선택해 개개인에 따라 다르게 진행하고 있습니다. 에스테틱과 왁싱숍을 같이 운영하고 있기 때문에 피부의 매커니즘을 잘 이해하고 있으며 여러 가지 피부 케이스들을 경험해왔습니다. 왁싱(Waxing)과 스킨케어를 접목할 수 있어 왁싱(Waxing)의 부작용을 줄여주고 왁싱(Waxing)의 시너지 효과를 줄 수 있는 프로그램으로 구성해왔습니다. 저희 숍의 핵심가치는 건강한 아름다움, 힐링, 컨설팅이라는 3가지 문구를 통해 고객님에게 가치를 전달합니다.

1 디오브 왁싱의 핵심가치 3가지

건강한 아름다움	• 일시적인 개선이 아닌 본연의 피부를 건강하게 만들어 피부의 자생력을 회복시켜 근본적인 원인을 해결합니다. • 피부를 건강하게 만들어 아름다움이 자연스럽게 따라올 수 있도록 건강한 아름다움을 선사합니다.
힐링	• 바쁜 일상을 살아가는 현대인들에게 조용한 공간에서 몸과 마음을 내려놓고 편안한 테라피와 프라이빗한 서비스를 제공하여 일상의 가치를 채워줍니다.
컨설팅	• 내가 원하는 스타일에 맞추어 페이스, 브로우 왁싱(Waxing) 컨설팅 후 추구하는 피부타입을 만들어 나만의 스타일을 표현해 낼 수 있는 서비스를 제공합니다.

- 바쁜 일상을 살아가는 고객님들에게 저희 숍에서만큼은 힐링되는 마음으로 쉬어갔으면 하는 바람입니다.
- 저희 숍의 슬로건인 'Make your own style 나만의 스타일을 만드는 곳'이라는 의미가 담겨 있어 고객님의 니즈를 파악해 개개인에게 딱 맞는 맞춤관리를 받을 수 있도록 항상 노력하고 있습니다.

2 왁싱 프로그램

저희 숍에서는 페이스 왁싱(Waxing), 바디 왁싱(Waxing), 브라질리언 왁싱(Waxing), 속눈썹, 피부 관리를 진행하고 있습니다. 시그니처 프로그램은 브로우바와 풀페이스 왁싱(Waxing)입니다.

브로우바	• 첫 번째 시그니처 프로그램인 브로우바는 고객님의 니즈에 맞추어 눈썹 디자인 컨설팅 후 눈썹 정리와 눈썹 왁싱(Waxing)이 포함되어 있는 프로그램입니다. • 누워서 진행되는 왁싱(Waxing)이 아닌 앉아서 정면을 바라본 상태에서 진행되며 평소 생활하는 상태인 정면에서는 눈을 뜨고 있을 때 눈썹 근육의 움직임 등을 파악해 섬세하게 진행하며 저희 숍에서 가장 많은 사랑을 받고 있는 프로그램입니다.
풀페이스 왁싱	• 두 번째 시그니처 프로그램은 풀페이스 왁싱(Waxing)입니다. • 메디컬 기기와 디자인 풀페이스 왁싱(Waxing)을 접목해 왁싱(Waxing) 후 일어날 수 있는 염증 반응, 부작용은 줄여 주고 풀페이스 왁싱(Waxing)의 장점을 극대화시켜줄 수 있어 더 큰 시너지 효과가 일어납니다. • 풀페이스 왁싱(Waxing) 프로그램은 아래와 같이 업셀링 할 수 있는 3가지 프로그램 단계로 나누어지며 풀페이스 왁싱(Waxing)의 부작용을 줄이고 피부 관리와 왁싱(Waxing)을 같이 받았을 때 시너지를 일으키도록 구성하여 고객의 만족도를 높이고 있습니다.

구분	내용
베이직 프로그램	• 베이직 프로그램은 피부 잔여물을 제거해 줄 수 있도록 합니다. • 클렌징 진행 후 또는 풀페이스 왁싱(Waxing) 후 진정에 도움이 되는 모델링팩 단계가 포함되어 있습니다.
프리미엄 프로그램	• 프리미엄 프로그램은 피부 잔여물을 제거해 줄 수 있도록 먼저 클렌징을 진행합니다. • 얼굴 전체 디자인을 상담하고 풀페이스 왁싱(Waxing)을 진행합니다. • 풀페이스 왁싱(Waxing) 후 재생기계를 이용하여 피부의 열감을 낮춰줍니다. • 왁싱(Waxing) 후 열려 있는 모공 속으로 화장품의 성분이 들어가도록 개인 맞춤팩으로 마무리 진행을 합니다.
리페어 프로그램	• 리페어 프로그램은 프리미엄 프로그램 1회가 포함됩니다. • 왁싱(Waxing) 후 트러블 발생, 부작용 방지를 막기 위해 압출 관리가 포함된 재생관리가 1회 포함되어 총 2회로 진행됩니다.

2.
왁싱숍
노하우
Know-how

① 디자인 풀페이스 왁싱

디자인 풀페이스 왁싱(Waxing) 시 실무에 도움되는 팁을 알려드립니다. 가장 유용하게 사용하고 있는 메탈 브러쉬는 미세한 날로 되어 있어 헤어라인, 구레나룻 같이 정교하게 디자인해야 하는 부분에 사용하면 아주 좋은 브러쉬입니다.

메탈 브러쉬	• 제거하고자 하는 모를 메탈 브러쉬를 이용하여 미세하게 꺼내 정밀하게 사용하여 디자인의 만족도를 높일 수 있습니다. 메탈 브러쉬 이용 시 메탈이 피부에 닿지 않게 눕혀서 사용하면 불편감 없이 이용할 수 있습니다. • 디자인 왁싱(Waxing)을 할 때는 모근까지 왁스를 정확하게 도포하며 왁스를 바를 때 울퉁불퉁하지 않도록 라인에 따라 한번에 도포합니다. • 디자인 왁싱(Waxing) 시 첫 왁스 도포할 때에는 제거하고자 하는 부위에서 약 1cm 정도를 띄어서 도포합니다. 그 이유는 스파츌라로 도포하는 과정에서 원하는 라인이 아닌 라인 안쪽으로 왁스가 도포되어 모가 더 많이 제거가 될 수 있기 때문에 1cm 띄어서 도포합니다. • 모가 비어 있다고 해서 무조건 제거하는 것이 아닌 모가 없고 비어있는 부분이지만 잔모와 각질을 남겨 그라데이션 효과를 나타냅니다. 비어있는 부분이지만 채워져있는 듯이 표현되어 없는 모양도 만들어지는 효과가 있습니다. • 풀페이스 왁싱(Waxing) 시 두꺼운 모, 잔모를 모근까지 정확히 제거합니다. • 피부관리 또는 앰플관리를 병행했을 때 왁싱(Waxing) 후 열려있는 모공 속으로 앰플성분이 들어가 효과를 극대화해 줄 수 있도록 진행합니다.

② 브로우바

브로우바의 핵심 3가지 방법(눈썹 디자인, 길이 커팅, 눈썹 라인 정리)을 이용해 브로우바를 진행한다면 고객님들께 시술의 만족도 높여주며 디테일이 모여 퀄리티 있는 시술을 진행할 수 있습니다.

눈썹 디자인	• 눈썹 디자인에 따라 사람의 인상이 달라지기 때문에 굉장히 중요한 부분입니다. • 고객님의 니즈를 파악해 충분한 상담 후 디자인을 잡아야 하며 고객님의 전체적인 이미지와 골격, 눈을 떴을 때 움직이는 근육을 파악해야 합니다. • 고객님들이 생활할 때는 눈을 뜬 상태에서 생활하기 때문에 눈을 떴을 때 근육의 움직임을 확인해 디자인을 잡아줍니다.
길이 커팅	• 눈썹의 길이 커팅에 따라 눈썹이 줄 수 있는 이미지와 느낌은 달라집니다. • 왁싱(Waxing) 전 눈썹 모의 길이를 커팅해줍니다. • 커팅하지 않게 되면 원하는 눈썹 모가 아닌 다른 모를 왁싱(Waxing)할 수 있어 디자인이 달라질 수 있습니다. • 본격적으로 왁싱(Waxing)하기 전에는 꼭 눈썹 모의 길이를 커팅하고 진행합니다.

<table>
<tr><td>눈썹 커팅하는
방법</td><td>
• 눈썹 앞머리의 길이를 살려주면 더 자연스러운 느낌과 세련된 느낌을 주고 눈썹 끝쪽의 눈썹 모를 길게 커팅한다면 조금 더 긴 눈썹을 연출할 수 있습니다.
• 눈썹 모의 길이를 조금씩 조절하며 고객님이 원하시는 느낌에 맞춰드립니다.
</td></tr>
</table>

구분	내용
1	브러쉬를 이용하여 전체적인 눈썹결을 빗어줍니다.
2	눈썹 앞머리 부분을 브러쉬로 앞머리 윗라인으로 올리고 눈썹을 누르지 않고 일직선으로 잘라줍니다.
3	브러쉬로 아래 부분을 쓸어내린 후에는 가위를 반대 방향으로 두고 잘라줍니다.
4	전체적인 눈썹의 결을 확인합니다.

눈썹 라인 정리

- 눈썹 라인이 확실하게 잡힌다면 입체적인 모양이 생깁니다.
- 비어 있는 부분이 있더라도 각질과 잔모가 채워져 있어 그라데이션 효과를 나타냅니다.
- 애매한 울퉁불퉁한 라인은 오히려 디자인을 망가뜨리기 때문에 확실하게 라인을 정리해 눈썹의 입체감을 살려줍니다.

3.
왁싱 후 홈케어 조언
Home care

1 유지관리

왁싱(Waxing) 후 홈케어는 부작용을 줄이고 왁싱(Waxing)의 효과를 극대화시키며 유지관리하기 위해 진행되어야 합니다. 개인의 홈케어 관리가 소홀했을 때 인그로운 헤어, 모낭염, 접촉성 피부염이 발생할 수 있습니다. 그렇기 때문에 왁싱(Waxing) 전 상담을 철저하게 진행하고 왁싱(Waxing)하는 목적을 반드시 확인해야 합니다. 이유는 상황에 따라 가장 적절한 홈케어를 조언해야 하기 때문입니다.

2 풀페이스 왁싱

풀페이스 왁싱(Waxing) 후 전체적인 얼굴에 모공이 열려 있고 흡수를 방해하는 잔모와 각질이 사라져있기 때문에 집에서 바른 제품을 더욱 더 꼼꼼히 발라준다면 효과는 더 극대화될 것입니다. 열감 때문에 붉어진 피부를 진정시키고 싶다면 시트 마스크팩도 좋지만 모델링팩을 권장드립니다.

3 모델링팩

모델링팩은 '알긴'이라는 성분으로 이루어져 있는 고무 같은 질감의 팩입니다. 뛰어난 밀착력과 피부진정에 탁월해 왁싱(Waxing) 후 탁월한 진정효과를 볼 수 있으며 가장 중요한 홈케어 방법입니다. 각질관리와 보습관리를 해 주지 않으면 모가 다시 자라면서 인그로운 헤어를 발생시킬 수 있습니다. 인그로운 헤어란 피부에 각질이 쌓여 모공을 막아 새로 자라는 모가 피부 안에 갇힌 상태가 된 것을 말하며, 왁싱(Waxing) 후 관리를 못했을 때 자주 발생하는 흔한 증상입니다.

④ 인그로운 헤어 예방

인그로운 헤어 예방을 위해 왁싱(Waxing) 3일 뒤부터 스크럽 사용을 권장드립니다. 인그로운 헤어가 심한 분들은 캐론랩 인그로운 세럼을 병행하는 것을 추천합니다. 번거로운 과정없이 제품을 뿌리기만 해도 각질제거와 보습효과가 동시에 되어서 트러블을 개선하는 데 도움이 되는 제품입니다.

보습관리 홈케어는 모공을 막을 수 있는 유분감이 많은 로션은 피하고 수분감이 많은 로션, 알로에겔 이용을 권장합니다.

저자약력

이연정 대표 저자

- 건국대학교 일반대학원 화장품공학 박사 수료
- 아임미용학원 국비지원인증기관_대표원장
- 캐론랩코리아 호주왁스 교육이사
- 전) 수원여자대학교 미용예술과 겸임교수
- 전) 라프린힐스 왁싱센터 원장
- 전) 아모레퍼시픽인재개발원 외래강사
- 전) 피부국가자격실기 감독위원 위촉

강현경 저자

- 상명대학교 일반대학원 뷰티예술경영학 박사
- 영진사이버대학교 외래교수
- 유나이티드인터팜 교육실장
- 아임미용학원 국비지원인증기관 교육이사
- 전) 상명대학교 외래교수
- 전) 동덕여자대학교 평생교육원 외래교수
- 전) 강지윤의 뷰티월드 원장

원큐패스 왁싱 실전 테크닉

지은이 이연정 外 14인
펴낸이 정규도
펴낸곳 (주)다락원

초판 1쇄 발행 2024년 4월 12일

기획 권혁주, 김태광
편집 이후춘, 윤성미

디자인 최예원, 윤미정
일러스트 소리아트웍스 송승리

다락원 경기도 파주시 문발로 211
내용문의: (02)736-2031 내선 291~296
구입문의: (02)736-2031 내선 250~252
Fax: (02)732-2037
출판등록 1977년 9월 16일 제406-2008-000007호

정가 25,000원
ISBN 978-89-277-7386-3 93590

다락원 원큐패스 카페(http://cafe.naver.com/1qpass)를 방문하시면 각종 시험에 관한 최신 정보와 자료를 얻을 수 있습니다.